电脑操作

轻松入门

三虎图书工作室　李彪　编著

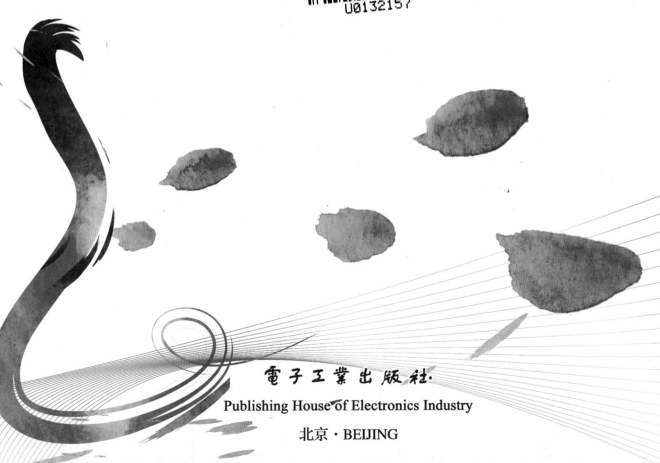

电子工业出版社

Publishing House of Electronics Industry

北京·BEIJING

内 容 简 介

本书根据中老年朋友学电脑的特点，将"最实用、最常用"的电脑基础知识和电脑操作技能，通过"图解+详细操作步骤+多媒体视频教学演示"的教学新模式展现给读者。通过本书的学习，中老年读者朋友可以轻松而快速地掌握最实用、最前沿的电脑操作技能，从而达到"学会电脑、用好电脑"目的。

本书在内容安排上注重中老年朋友日常生活、学习和工作中使用电脑的需求，突出"常用、实用、易学"的特点。具体内容包括：电脑入门操作，拼音与五笔输入法，电脑中文件资源的管理，操作系统的相关设置，电脑上网操作，网上资源的搜索与下载，电子邮件的收发与网络聊天，网上生活与娱乐，使用Word创建、排版和打印文稿，使用Excel制作电子表格与图表，使用PowerPoint制作动画贺卡和演示文稿，常用工具软件的使用，以及电脑安全与日常维护等内容。

本书采用全彩印刷，版式精美大方，阅读轻松方便，配套多媒体自学光盘不但可以在电脑上播放教学视频，还支持家用DVD机。看着电视学电脑，快速提高更加容易！

图书在版编目（CIP）数据

电脑操作轻松入门/李彪编著. —北京：电子工业出版社，2012.1
（中老年电脑通）
ISBN 978-7-121-14720-3

Ⅰ.①电…　Ⅱ.①李…　Ⅲ.①电子计算机–中老年读物　Ⅳ.①TP3–49

中国版本图书馆CIP数据核字（2011）第199829号

策划编辑：牛　勇
责任编辑：徐津平
文字编辑：江　立
印　　刷：中国电影出版社印刷厂
装　　订：
出版发行：电子工业出版社
　　　　　北京市海淀区万寿路173信箱　　　　　邮编：100036
开　　本：880×1230　　1／16　　　　　印张：16.75　　　　字数：300千字
印　　次：2012年1月第1次印刷
印　　数：4000册　　　　　　　　　　　　定价：49.80元（含DVD光盘1张）

前言

电脑和网络早已成为当前人们最熟悉的字眼，也已成为每个人生活和工作的必备工具之一。什么样的电脑图书才适合中老年读者朋友阅读呢？如何以最短的时间学到最有实用价值的技能呢？我们总结了众多电脑自学者的成功经验和一线计算机教学老师的教学经验，并结合了中老年人学习电脑的特点，精心策划并推出了这套适合中老年读者朋友的丛书——《中老年电脑通》，希望能帮助广大中老年朋友实现自己的学习目标。

一、图书特点

为了帮助读者在短时间内快速掌握需要的技能，并且能从书中学到"最常用"、"最实用"、"最流行"的电脑知识，本书在编写时力求完美结合"学得会"、"学得快"和"用得上"三大特点，无论是图书内容结构的安排、写作方式的选择，还是图书版式的设计，都是经过众多电脑初学读者试读成功而探讨和总结出来的。

❖ 学得会：本书在写作时力求讲解语言通俗、内容浅显易懂，避免出现枯燥的专业词汇与术语，并且操作步骤讲解清晰、详尽。在内容结构的安排上，从零开始，完全从读者自学的角度出发。

❖ 学得快：为了方便中老年读者学习，本书在写作手法上采用"图解+操作步骤"的方式进行讲解，避免了烦琐而冗长的文字叙述，真正做到简单明了，直观易学。另外，本书还配有精彩的DVD多媒体自学光盘，可以通过观看直观的视频演示来轻松学习书中所讲的重点内容。配套光盘还支持家用DVD机播放，可以看着电视学习电脑操作，学习更加方便！

❖ 用得上：本书在内容安排方面，从中老年朋友掌握电脑相关技术的实际需要出发，结合生活与工作的实际需要，以只讲"够用"、"实用"的知识为原则，并以实例方式讲解相关的知识和操作技巧，保证图书内容的实用性和含金量。

二、丛书配套光盘使用说明

本书附带一张DVD多媒体自学光盘，以下是配套光盘的使用简介。

运行环境要求

❖ 操作系统：Windows 9X/2000/XP/Vista/7简体中文版

❖ 显示模式：分辨率不小于1024×768像素，24位色以上

❖ 内存：512MB以上

❖ 光驱：4倍速以上的CD-ROM或DVD-ROM

❖ **其他**：配备声卡与音箱（或耳机）

使用方法

将光盘印有文字的一面朝上放入电脑的DVD光驱，稍后光盘会自动运行，并进入光盘主界面。如果光盘没有自动运行，打开Windows XP操作系统的"我的电脑"窗口（Windows 7操作系统的"计算机"窗口），浏览光盘内容，双击Autorun.exe启动光盘。在光盘主界面中，打开"课程目录"列表，单击选择感兴趣的课程标题，即可进入相应教学视频播放界面。进入视频播放界面后，可通过播放控制按钮控制视频的播放，例如前进、后退、退出等。

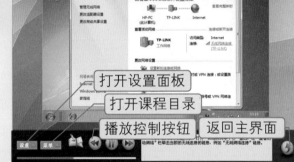

光盘主界面　　　　　　　　　　　　　　　视频播放界面

若使用家用DVD机播放本书配套光盘，则与普通DVD影碟使用方法一致。将光盘放入DVD机后，等待读碟，进入光盘主界面后，选择感兴趣的章节进行观看，选择"下一页"按钮可浏览其他章节。

三、答疑服务

如果您在学习本书的过程中遇到了疑难问题，或者有其他建议与意见，可以通过以下方式与我们联系。我们会尽力为您排忧解难。

❖ **热线电话**：400-650-6806（无长途话费，工作日9:00~11:30，13:00~17:00）。

❖ **电子邮件**：jsj@phei.com.cn。

四、丛书作者

本套丛书的作者和编委会成员均是多年从事电脑应用教学和科研的专家或学者，有着丰富的教学经验和实践经验，这些作品都是他们多年科研成果和教学经验的结晶。本书由李彪编著，参与本书编写的还有李勇、尹新梅、戴礼荣、唐蓉、李晓辉、成斌、蒋平、王金全、邓春华、邓建功、何紧莲、陈冬、曾守根等。由于作者水平有限，书中疏漏和不足之处在所难免，恳请广大读者及专家不吝赐教。

目录

V

第6章　管理电脑中的资源 ·············99

第7章　轻松使用互联网 ·············125

第8章 搜索与下载网络资源 ┄┄┄┄┄┄┄ 142

第9章 与亲友在线交流 ┄┄┄┄┄┄┄┄ 156

第1章

认识电脑

■ 任务播报

❖ 电脑有哪些类型
❖ 我们用电脑能够做什么
❖ 了解电脑的组成
❖ 电脑的选购方法

■ 任务达标

　　通过对本章的学习，广大中老年朋友能够对电脑产生初步的认识，包括了解我们能够使用电脑做些什么、当前电脑的主流类型以及电脑的基本组成。对于将要购买电脑的中老年朋友，还应当了解如何选择适合自己的电脑。

了解电脑是什么

电脑在日常生活中已经非常普及了，无论是办公场所还是个人家庭中，都能够看到电脑的身影。那么，电脑到底是什么呢？对于刚准备接触并学习电脑的中老年朋友而言，首先需要对"电脑"产生一定的了解，这样在后面的学习当中才能更加得心应手。

1 一起来认识电脑

电脑也叫做计算机，是专门用于处理各种数据的设备，借助电脑我们可以完成日常生活和工作中的多种事务，它已经成为了目前人们生活中必不可少的一个"伙伴"。电脑的用途是非常广泛的，在办公中，使用电脑可以处理各种文档、资料以及数据；在家庭中，使用电脑能够听歌、看电影、浏览照片。

对于中老年朋友来说，认识电脑的目的，就是当看到一台电脑后，能够很直观地反应这件电器就是"电脑"，自己将要学习的，也就是使用这台电脑来做自己需要做的各种事情。如下图所示为最常见的台式电脑。

2 常用的电脑类型

除了最常见的台式电脑外，目前主流的电脑还有笔记本电脑、一体电脑、上网本以及平板电脑等多种类型，无论哪种类型的电脑，能够帮助我们实现的用途是相同的，不同的只是外观、性能以及便携性几个方面。下面就来了解这些比台式电脑更加漂亮轻便的电脑。

笔记本电脑

笔记本电脑也称为"手提电脑"，与台式电脑最大的不同之处就是，笔记本电脑不必局限于固定的使用场所，而是能够随身携带到任何地方使用。目前笔记本电脑的尺寸根据屏幕大小划分，主要有12英寸、13英寸、14英寸以及15英寸几个规格，重量通常在1公斤到2.5公斤之间，携带起来非常方便。并且笔记本电脑使用电池供电，即使在没有电源插座的情况下，也能使用2~5个小时。

一体电脑

一体电脑是新兴的台式电脑，与常见台式电脑不同的是，一体电脑将主机中的所有设备全部安装到了显示器的背部，也就是一体电脑不再包含硕大的电脑主机，这意味着使用一体电脑会占用更小的空间，并且不再需要众多数据线，搭配无线鼠标和键盘，只要一根电源线就能够正常使用了。目前，同价位的一体电脑性能较常规台式电脑低一些。

上网本

上网本也属于笔记本电脑的范畴，不同的是上网本的体积更加轻巧，目前主流上网本的尺寸多为10英寸且重量多在1公斤以下，这更加方便外出携带使用。上网本的不足之处在于配置较低，只能满足日常上网、办公以及娱乐需求，但无法胜任一些复杂的使用需求，如设计、大型游戏等。

平板电脑

平板电脑是真正的手持电脑，随着Apple公司iPad平板电脑的推出，平板电脑逐渐被越来越多的人关注与购买。平板电脑的功能有着一定的局限性，无法实现普通电脑所能进行的所有工作，但常用的如上网、娱乐、游戏等都可以轻松胜任，而且更加方便的触控方式，也让用户使用起来更加简单。

任务目标 2 了解我们能够用电脑做什么

使用电脑，就是通过电脑来协助我们完成需要做的各种事情。我们知道电脑能够实现的用途是非常多的，那么我们在学习电脑时，到底应该使用电脑做什么呢？对于中老年朋友而言，其实这个问题很简单，我们只要了解电脑能够帮助我们做些什么，然后从中选择自己所需要的功能来学习就可以了。

1 听音乐、看电影

我们可以把电脑当作一台功能强大的影音设备，闲暇时使用电脑来播放电影、电视剧或者收听音乐、广播。对于中老年朋友来说，一些很难找到的经典老歌或老电影，只要将电脑联网后，大都可以方便地找到并播放。

听音乐

将音乐或歌曲文件复制到电脑中后，可以通过音乐播放工具直接播放。如果将电脑连接到了互联网，那么还可以方便地搜索自己喜欢的歌曲并在线播放，很多经典老歌都可以在网络中轻松找到。

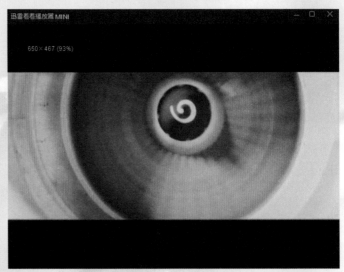

看电影

使用电脑能够直接播放VCD或DVD影碟。如果电脑已经联网，那么还能够直接从网络中搜索并在线观看各类电影、电视节目或者综艺节目。一些经典的老电影基本都能够在网上找到并观看。

2 玩游戏

很多用户都是通过游戏而接触到电脑的，通过电脑可以进行各种有趣的游戏，如棋牌游戏、战略游戏以及网络游戏等。对于中老年朋友来说，适当玩玩游戏，不但有益身心健康，而且能够提高对电脑学习的兴趣。

电脑中的游戏可以分为休闲游戏、单机游戏以及网络游戏几个类型，其中休闲游戏最适合中老年朋友，如斗地主、打麻将、象棋以及台球等。

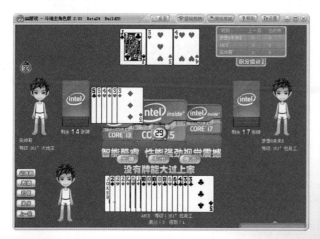
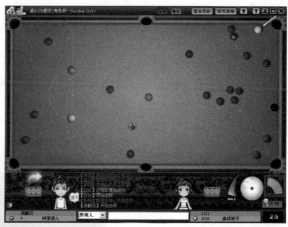

3 ┃ 绘画与照片处理

　　电脑提供了强大的绘图与设计功能，当然这需要通过相应的绘图软件来实现。中老年朋友可以适当学习并了解一些常用绘图工具的使用，闲暇之余，将自己或家人的照片处理得更加漂亮，或者发挥自己的创造力来绘制各种图像。

使用美图秀秀美化照片

　　将拍摄的照片复制到电脑中后，中老年朋友可以使用一些简单的照片处理工具（如美图秀秀）来修正照片中的瑕疵，包括调整色调、添加元素等，合理的修饰与美化，能够让照片更加美观。

使用Photoshop进行创意设计

　　无论是商业设计，还是个人创意设计，如果中老年朋友有兴趣的话，可以学习并使用专业的图像处理软件Photoshop来设计各种图像作品，或者对图片、照片进行各种复杂的处理。

4 ┃ 写作并打印

　　使用电脑写作，是电脑带给我们最常用的功能之一，无论是办公材料还是个人文章，都可以在电脑中直接输入并编排，这样不但比手写出来的更加清晰、直观、便于阅读，而且修改起来也是非常方便的。

使用记事本临时记录

在使用电脑的过程中，对于需要临时记录的事件或信息，都可以使用记事本工具以文字方式记录下来并保存。这样不但记录更加准确及时，而且也便于以后查看。

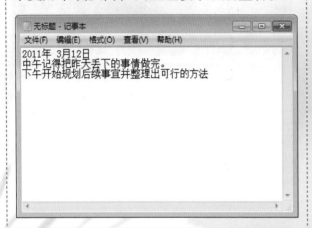

使用Word编排文档

使用专业的文本编排工具（如Word）能够轻松地编排出办公中所需的各种文字材料，并且制作出合理的版面以便于阅读，如果需要的话，还可以打印到纸张。

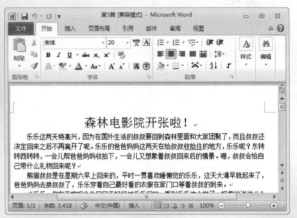

5　网上看新闻

中老年朋友都有关注新闻的习惯，将电脑联网后，就可以方便地随时阅读最近发生的国内外新闻了。网络中的信息更新速度非常快，也就意味着我们可以第一时间获取最新的新闻事件。在网络中看新闻的途径主要有两种：一种是访问各大门户网站进行浏览，如搜狐网、新浪网等；另一种则是访问报刊媒体的网站，阅读报纸的电子版。

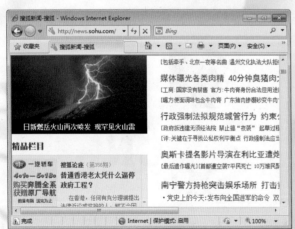

6 | 网上炒股票

　　股票已经成为很多中老年朋友的投资方式之一，将电脑连接到互联网后，广大热衷于股票的中老年朋友就不用再频繁往返于证券大厅，或者购买证券报纸了。只要在电脑中点点鼠标，就能轻松地掌握股票行情，或者对自己的股票进行操作了。

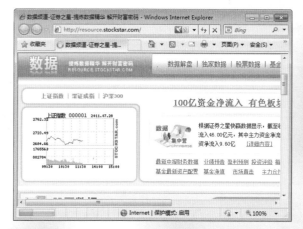

7 | 与亲朋好友聊天

　　网络为我们的交流提供了极大的便利，通过专门的交流工具，我们可以和远在异地的亲友方便地在线聊天，或者进行语音与视频对话。对于儿女不在身边的中老年朋友来说，这无疑是电脑带来的最大乐趣之一。

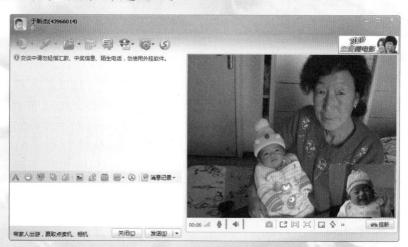

8 | 收发电子邮件

　　电子邮件是网络提供的一个重要功能，用于亲友、同事或者商业伙伴之间的信息交流与文件传递。相比传统的邮件而言，电子邮件具有传送速度快（几秒即可达到）、安全性高、使用方便的特点，已经成为现代商务办公与家庭交流的重要途径之一。

使用浏览器收发邮件

我们可以轻松地拥有自己的电子邮箱，并在浏览器中登录到邮箱页面收发电子邮件。

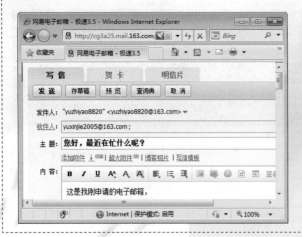

用软件管理邮件

使用专业的邮件客户端工具，能够更加方便地收发和管理邮件，而不受网络速度和上网时长的影响。

任务目标 3　认识电脑的组成

从外观上来看，一台完整的台式电脑主要由显示器、机箱以及鼠标与键盘几个部分组成。显示器用于显示信息；机箱中安装了电脑运行的核心硬件；鼠标与键盘则主要用于控制电脑以及输入信息。

1　显示器

显示器是电脑的输出设备，也就是将电脑中的所有信息显示出来，我们在使用电脑的过程中，其实都是在面对显示器来操作的。目前的显示器基本都是轻薄显示器，占用空间少而且较为美观。

2 机箱

　　机箱中安装了电脑运行的所有核心硬件，包括CPU、内存、主板、光驱、电源等。机箱的作用就是固定与保护这些硬件，从而确保电脑的正常运行。当打开机箱挡板后，就可以看到安装在机箱中的各个硬件设备了。

　　中老年朋友在使用电脑的过程中，一般无须了解机箱中的各个硬件，但长时间使用电脑必然会遇到一些小问题，因此简单了解电脑主要硬件，也有助于排除日后出现的各种电脑故障。

主板	CPU
机箱中最大的一块电路板就是主板，可以看到其他所有部件都是安装在主板上，或与主板连接的。主板的用途就是连接电脑的所有部件，让这些部件能够协同工作。 	CPU是电脑最核心的设备，电脑所有数据的运算与处理都是通过CPU进行的。一台电脑的性能高低，很大程度上取决于CPU的性能。CPU安装在主板上的CPU插槽，上面覆盖有散热风扇。 
内存	硬盘
主板上竖着插接的又窄又长的电路板就是内存条。内存用于CPU和其他设备交换数据。内存的容量对电脑的性能影响也比较大，现在主流的电脑内存一般为2～4GB之间。 	硬盘像一个长方形的盒子，通常安装在机箱里的架子上，通过数据线与主板连接。硬盘用来存储电脑中的所有数据，目前主流硬盘的容量一般为250GB～1TB之间。 

显卡

显卡是插接到主板上的，并且在机箱后面有显示器接口。显卡的用途就是把电脑中的信号传送到显示器中并显示出来。不过有些电脑机箱里面是没有独立显卡的，这是因为这些电脑的主板带有集成显卡。

光驱

光驱通常安装在机箱最上面，同样通过数据线和主板连接。光驱的用途和家用DVD比较接近，就是用来读取各种光盘的数据并在电脑中显示。现在很多电脑光驱还具备了刻录功能，可以把电脑中的数据刻录到光盘中。

3 鼠标与键盘

鼠标和键盘是电脑最主要的控制设备，我们使用电脑，主要就是对鼠标和键盘进行操作。鼠标用于对电脑进行各种控制，键盘则主要用于向电脑中输入各种信息。

4 常用的外部设备

电脑的外部设备主要是指一些可以选配的设备，常用的有打印机、扫描仪、音箱、摄像头等。不同的外部设备，能够让电脑发挥不同的功能。

打印机
打印机是电脑最常用的输出设备之一，用于将电脑中的文档、数据、图像等信息打印在纸张上。

扫描仪
扫描仪用于将图片、照片、资料等书面材料扫

描后输入到电脑当中，并转换成图像或其他文件保存起来。

音箱

音箱用于将电脑的声音播放出来。通过电脑进行娱乐（如听音乐、看电影以及玩游戏）时，就需要为电脑配备音箱。

摄像头

用于将场景以视频方式摄录到电脑中。目前，摄像头主要用于网络视频通话时使用。

任务目标 4 认识电脑软件

电脑软件是指安装在电脑中的各种程序，不同的软件能让我们使用电脑实现不同的功能，如编排资料、设计图片、聊天通信等。当购买一台电脑后，首先需要做的就是把自己需要使用的软件安装到电脑中。

1 系统软件

系统软件是指能够让电脑运行的平台，目前我们常用的系统软件，主要是微软公司的Windows操作系统，如Windows XP、Windows 7等。无论我们将要使用电脑做什么，首先需要为电脑安装软件的运行平台，即系统软件。

2 应用软件

应用软件是指能够帮助我们实现各种用途的软件，如聊天用的QQ、制作文档用的Word以及浏览网页用的IE浏览器等。应用软件必须运行在操作系统平台上，每个用户可以根据自己的使用需求来选择不同的应用软件。

清楚怎样选购适合自己的电脑

对电脑有了大致了解后，中老年朋友就可以开始着手选购一台属于自己的电脑了。市面上的电脑林林总总，而且配置也各不相同，那么我们在购买电脑时，应当如何选择呢？下面介绍一些选购电脑的方法。

1 明确自己使用电脑的用途

不同的用户，对电脑的使用需求是不同的，如普通家庭用户就是用来听歌、上网、看电影，那么较低的配置就能满足这些需求；而有图像处理需求的用户对电脑的配置要求较高，需要大容量内存和高性能显卡的支持；办公用户由于需要存储较多的文件，对硬盘的容量有较高要求，等等。

选购电脑时，中老年朋友没有必要单纯追求高性能，只要根据自己的实际情况来选择能够满足自己需求的就可以了。由于组装电脑最大的特色就是可以按需选择硬件，然后将这些硬件组装起来，所以我们在选购时，只要根据自身需求合理选择各个硬件就可以了。

2 品牌机还是兼容机的选择

品牌机是由正规电脑厂商生产且带有全系列服务的电脑整机，如联想电脑、HP电脑等；而兼容机主要是指我们到电脑城购买电脑配件并组装的电脑。

品牌机具有更漂亮的外观，以及完善的售后服务。购买品牌机后，如果出现软硬件故障，只要在保修期内，即可得到良好的售后服务；兼容机则有着更高的灵活性，价格也较同档次品牌机低，用户可以按需配置，不足之处是兼容机出现软件故障需要用户自行解决，出现硬件故障则需要到相应的硬件售后中心维修。

选购品牌机还是兼容机，我们可根据自己的资金预算来选购，由于中老年朋友对电脑不太熟悉，而且动手能力较差，因此建议选择服务完善的品牌机；当然，如果为了节约费用，也可以选择兼容机，毕竟电脑硬件出现故障的几率还是很小的。

3 台式机与笔记本的选择

目前，配置相近的笔记本电脑已经与台式电脑的价格差距不大了，中老年朋友在选择电脑时，往往会面临一个问题：选择台式机还是笔记本。其实这主要需要我们结合自己的用途来选择。下面介绍笔记本与台式机明显的不同之处，中老年朋友可以结合这些知识来进行选择。

首先，相同性能的笔记本价格要高于台式机，台式机可以自由升级和DIY，而笔记本除了内存和硬盘可以升级外，其他硬件基本无法升级。

其次，台式机体积较大、无法随身携带，只能在固定场所使用；而笔记本则可以带到任何场所使用。

最后，台式机必须插接到交流电源使用，而笔记本则可以携带到任何场所，使用电池供电可使用多个小时。

我们选购电脑时，在不考虑资金预算的情况下，如果用户对电脑的性能要求不是特别高，那么笔记本电脑是不错的选择。当然，如果我们只是在家里用电脑，那么选择性价比更高的台式机就完全足够了，而且台式机的使用舒适度是笔记本电脑所无法比拟的。

互动练习

1. 指出电脑有哪些设备，每个设备主要用来做什么？
2. 说说自己将要用电脑做什么？

Chapter Two

第2章

电脑的连接、启动与退出

■ 任务播报

❖ 正确连接台式电脑的各个设备

❖ 启动与关闭电脑

❖ 连接常用的数码设备

❖ 把电脑接入到互联网

■ 任务达标

通过对本章的学习，中老年朋友们可以熟悉并掌握台式电脑各个硬件设备的连接方法、常用数码设备与电脑的连接方法，以及将电脑接入到互联网的方法。这些都是使用电脑之前需要掌握的基本知识，因此中老年朋友需要根据自己的情况来灵活掌握不同设备的连接。

学会将台式电脑的基本设备连接起来

购买台式电脑回家后，首先需要做的就是将电脑摆放到家里合适的位置，然后把电脑的各个设备连接起来。电脑的主要设备包括显示器、主机以及鼠标与键盘，当然中老年朋友也可以选配其他常用的设备，如音箱、摄像头等。

1 连接主机与显示器

电脑显示器是通过数据线连接到主机背部的显示输出接口上的，目前显示接口主要有VGA与DVI两种。我们购买的显示器通常会附送VGA连线，所以通常情况下，主机和显示器还是通过VGA接口来连接的。连接方法如下：

STEP 01 将显示器底座安装好，然后展开附带的数据线，将一头插接到显示器背面的VGA接口上，并拧紧接头两侧螺丝固定。

STEP 02 将数据线的另一头插接到机箱背面的VGA接口上，同样拧紧接头两侧螺丝固定。插接时，注意接头的方向。

2 连接鼠标与键盘

鼠标与键盘通常采用PS/2与USB接口与电脑主机相连接。PS/2接口是一个圆形接口，键盘的PS/2接口通常为紫色，鼠标的PS/2接口为浅蓝色。连接时，一定要注意接口插针是否对齐，如果强行插接可能会导致插针弯曲，其连接方法如下：

STEP 01 将键盘接口插接到机箱背部的紫色圆形接口中，如果接口为黑色，则注意要插接到下方有键盘标记的接口处。

STEP 02 按照同样的方法，将鼠标接头插接到机箱背部的蓝色接口中。注意鼠标和键盘的接口不要插混。

小提示

现在有很多采用USB接口的鼠标，这种鼠标可直接插接到电脑的USB接口上。主流的无线鼠标和键盘，更是没有了线缆的困扰，使用起来更加灵活方便。

3 连接音箱与话筒

音箱与话筒的连接方法非常简单，现在电脑主机的前面板上通常都提供了音频接口，当然为了理线方便，也可以插接到机箱背部的音频接口中。一般来说，音箱接口（音频输出）为绿色，连接话筒的接口（音频输入）为橙色，并且接口下方会有图示或文字说明接口用途，因此通常是不会插错的。

机箱前面板上的音频接口

机箱背部的音频接口

4 连接摄像头

摄像头也是常用的电脑外部设备，尤其是经常要和异地亲友在线视频聊天的中老年朋友，更应该为电脑配备摄像头。摄像头采用USB接口与电脑连接，有些摄像头在连接之后，还需要安装驱动程序才能正常使用。

摄像头的连接方法很简单，先将摄像头摆放到合适的位置，然后将USB接口插接到机箱面板或者机箱背部的USB接口上就可以了。

小知识

采用USB接口的设备，可以在电脑开启的时候任意插拔。而采用其他接口的设备，如PS/2接口、显示器接口等，则只能在电脑关闭的情况下插拔。

任务目标 2 学会启动与关闭电脑

将电脑设备连接好并接通电源后，当需要使用电脑时，就可以启动电脑并开始使用了。当使用完毕后，还需要按照正确的顺序来关闭电脑。下面我们就来看看电脑的启动与关闭方法。

1 启动电脑

启动电脑与开启其他家用电器的方法基本是一样的，只要按顺序打开显示器和主机的电源，即可启动并登录到Windows系统了。启动电脑的方法如下：

STEP 01 按下显示器电源按钮，打开显示器，然后按下主机上的电源按钮（Power），启动电脑并在屏幕中显示自检信息。

STEP 02 自检完毕后，开始启动Windows操作系统，根据电脑配置不同，启动时间可能不同，此时只需等待即可。

STEP 03 启动Winodws后，接着进入到Windows登录界面，在界面中单击选择要登录的用户账户。本书以Windows 7为例进行介绍，其他版本的操作系统的操作基本一样。

单击

STEP 04 登录到Windows 7之后，屏幕中即显示出漂亮的Windows 7桌面了，这时系统启动完毕。

2 关闭电脑

当电脑使用完毕后，我们需要按照正确的方法来关闭电脑。这也是很多刚接触电脑的中老年朋友需要注意的地方。关闭电脑前，首先需要把正在使用的软件全部退出，并关闭所有打开的窗口。然后单击任务栏左侧的"开始"按钮，在打开的"开始"菜单中单击"关机"按钮就可以了。

稍后显示器屏幕中显示"正在关机"提示，当关机后（主机停止工作），再按下显示器电源按钮关闭显示器就可以了。

小提示

还有一种强行关闭电脑的方法，通常在电脑死机或者无响应的情况下使用，那就是持续按下主机电源键3秒左右。

3 重新启动电脑

重启电脑的过程相当于关闭电脑后马上再次启动，当使用过程中出现死机、程序反应慢等情况时，就可以重启电脑。重启电脑的方法有两种。

通过Windows重启

进入到Windows 7后，打开"开始"菜单并单击"关机"按钮右侧的 按钮，在展开的列表中选择"重新启动"命令。

强制重启

当系统死机或无响应时，直接按下主机面板上的"重启"（Reset）按钮，也可以重启电脑。

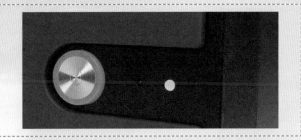

任务目标 **3** 学会连接数码外设

日常生活中，我们会用到各种各样的数码设备，如手机、U盘、MP3以及数码相机、打印机等。这些设备都可以通过与电脑连接来复制、转移数据，或者实现各种其他用途。对于中老年朋友而言，也应当掌握这些设备与电脑的连接和使用方法。

1 电脑与U盘的连接

U盘是电脑用户们使用最频繁的设备之一，用于存储电脑中的各种数据，或者通过U盘将一台电脑中的数据转移到其他电脑中。U盘也称为移动存储设备，具备相同功能的设备还有MP3、移动硬盘等。目前U盘的样式非常多，中老年朋友可以选择一款自己喜欢的样式。

U盘采用USB接口与电脑连接，方法非常简单，只要将U盘的USB接口按正确的方向插入到电脑USB接口中，电脑就会自动识别可移动存储磁盘了。下面来看看U盘与电脑的连接方法。

STEP 01 将电脑开启后，当需要使用U盘时，将U盘插入到电脑主机上的USB接口中。注意，有的机箱前面板提供USB接口，若内部连线正确则可以正常使用；有的机箱需要使用后面的USB接口。

STEP 02 连接后，系统将自动识别U盘，然后打开"计算机"窗口，就可以看到"可移动磁盘"图标了。

STEP 03 这时就可以像其他本地磁盘一样，双击磁盘图标打开磁盘窗口并对数据进行各种操作了。

STEP 04 当使用完毕后，单击任务栏通知区域中的 图标，在弹出的菜单中选择"弹出USB Flash Disk"选项，然后拔出U盘。

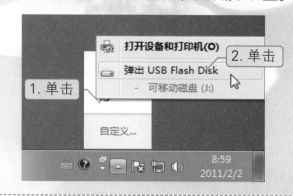

2 | 电脑与手机的连接

目前主流的手机都支持拍照、播放音乐功能，智能手机则支持复制与安装软件。我们可以将手机与电脑连接，将用手机拍摄的照片复制到电脑，或将电脑中的音乐转存到手机，还可以为手机安装各种软件。

手机与电脑的连接方法主要有三种：一是直接使用数据线连接；二是使用读卡器读取手机内存卡；三是使用蓝牙连接。以诺基亚手机为例，如果使用数据线或者读卡器，那么连接后"计算机"窗口中就会显示出"可移动磁盘"图标（名称为手机型号或者内存卡名称），这与U盘的使用方法是完全相同的。

如果使用蓝牙连接，那么需要先开启电脑与手机的蓝牙功能，如果电脑不具备蓝牙，那么可以插接蓝牙适配器，然后建立连接并传输数据。

3 | 电脑与数码相机的连接

使用数码相机拍摄照片后，可以将相机与电脑连接并将照片复制到电脑中，这样不但更方便照片的浏览，而且还可以使用工具来对照片进行各种处理。连接数码相机时，可以使用相机自带的数据线连接，也可以使用读卡器来读取相机存储卡。通过数据线连接的方法如下：

STEP 01 将数码相机数据线一端插入到相机MINI USB接口中，另一端插入到电脑USB接口中。

STEP 02 启动数码相机，屏幕中将显示连接选项，通过控制键选择"PC"（不同相机的连接选项可能不同）。

STEP 03 此时系统将自动识别并添加新硬件，添加完毕后，进入到"计算机"窗口，就可以看到添加的"可移动磁盘"了。

STEP 04 双击图标进入到可移动磁盘窗口后，就可以对使用相机拍摄的所有照片进行查看或其他操作了。

4 电脑与打印机的连接

　　打印机是最常用的电脑外设之一，使用打印机可以将电脑中的文档、图片或其他数据打印到纸张上，从而便于浏览与阅读。目前打印机主要采用USB接口与电脑连接，并且需要单独插接电源线。在连接时，先将数据线一端插入到打印机USB接口中，另一端插入到电脑USB接口，然后连接打印机电源线并开启打印机。

　　设备连接完毕后，还需要安装打印机驱动程序。驱动程序通常位于打印机附带的驱动光盘中，将光盘放入到电脑光驱中，然后根据向导的提示进行操作即可。在Windows 7中安装打印机驱动程序的一种方法如下：

STEP 01 打开"开始"菜单,在右侧列表中选择"设备和打印机"选项。

STEP 02 打开"设备和打印机"窗口,单击工具栏中的"添加打印机"按钮。

STEP 03 打开"添加打印机"对话框,单击选择"添加本地打印机"选项。

STEP 04 在打开的对话框中通常保持默认设置,直接单击"下一步"按钮。

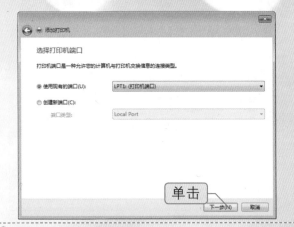

STEP 05 在对话框中单击"从磁盘安装"按钮,并选择光驱位置,单击"确定"按钮。

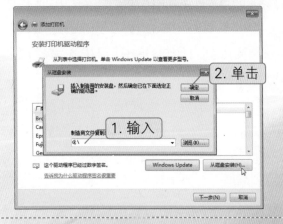

STEP 06 在接着打开的对话框中设定打印机名称并单击"下一步"按钮。

STEP 07　向导开始安装打印机驱动程序，安装后要求选择是否共享打印机，并单击 "下一步" 按钮。

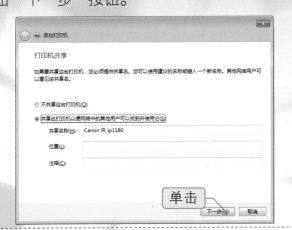

STEP 08　在最后打开的对话框中提示打印机安装成功，单击 "打印测试页" 按钮可测试是否能够正确打印。

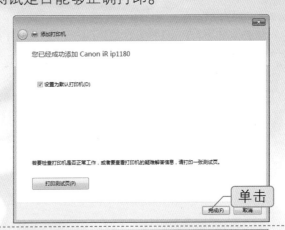

STEP 09　最后单击 "完成" 按钮，返回到 "设备和打印机" 窗口后，可以看到新安装的打印机图标已经显示在窗口中了。

 小知识

　　普通打印机主要分为喷墨打印机和激光打印机两种，喷墨打印机主要用来打印图像等彩色资料，而激光打印机主要用于打印黑色文本资料。对于家用而言，建议使用喷墨打印机。

任务目标 4　学会连接到互联网

　　将电脑连接到互联网，也就是我们平时所说的电脑上网。中老年朋友在购买电脑后，无论是生活还是工作需求，都可以考虑将电脑接入到网络，来畅享互联网所带来的各种便利与乐趣。

1 连接网络设备

要将电脑接入到互联网，我们需要通过为电脑连接专用的上网设备来实现。如目前使用广泛的ADSL宽带，在连接时，通常需要用到宽带调制解调器（Modem）、分离器以及室内固定电话。当然，还需要使用网线将电脑与这些设备连接起来。下面来看看ADSL宽带设备的连接方法。

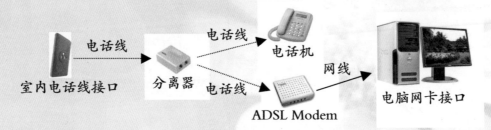

连接ADSL宽带需要3根电话线与1根网线，以及宽带专用的分离器与ADSL调制解调器各一台。初次安装宽带时，会有专门的工作人员上门安装与调试，因此广大中老年朋友只要大致了解ADSL宽带的连接方法就可以了。

2 将电脑接入互联网

连接好ADSL宽带各设备后，就可以启动电脑并在Windows 7中建立宽带连接了。在Windows 7中建立宽带连接的方法十分简单。

STEP 01 在控制面板中单击"网络和共享中心"选项，打开"网络和共享中心"窗口，单击"设置新的连接或网络"链接。

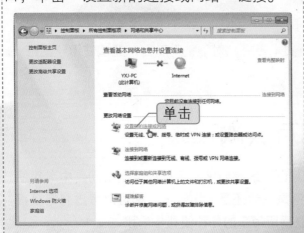

STEP 02 打开"设置连接或网络"对话框，选择"连接到Internet"选项，单击"下一步"按钮。

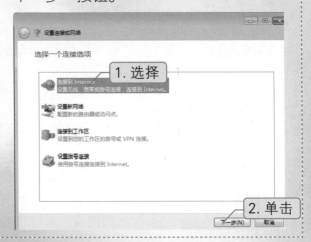

STEP 03 在接着打开的对话框中单击选择"宽带（PPPoE）（R）"选项。

STEP 04 在接着打开的对话框中输入宽带账户名称与密码，单击"连接"按钮。

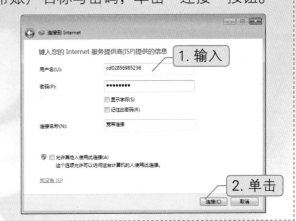

STEP 05 开始创建互联网连接，此时需要略作等待。

STEP 06 建立连接后，以后启动电脑需要上网时，只要单击任务栏右侧的"网络"图标，在列表中单击"宽带连接"下方的"连接"按钮即可。

STEP 07 在打开的"连接"对话框中输入用户名与密码后，单击"连接"按钮，稍后即可将电脑接入互联网。

宽带账户名称与密码是在安装宽带时由宽带供应商所提供的，中老年朋友可以将账户名与密码记录在纸张或笔记本上。如果一旦忘记了，也可以拨打宽带客服电话来查询。

3 使用路由器将多台电脑共享上网

很多家庭中都不止有一台电脑，当开通了互联网连接服务后，我们就可以使用宽带路由器来让所有电脑都能共享上网。宽带路由器需要我们单独购买，并且同时需要购买用于连接其他电脑的网线。在连接时，只要将宽带路由器与ADSL调制解调器连接，然后其他电脑均与路由器连接即可。

连接好宽带路由器后，我们还需要启动电脑并对路由器进行配置，才能让所有电脑实现共享上网，路由器的地址通常为"192.168.1.1"或"192.168.0.1"，下面以配置TP路由器为例，来介绍宽带路由器的配置方法。

STEP 01 打开IE浏览器，在地址栏中输入路由器地址，按下回车键。

STEP 02 在弹出的登录框中输入路由器的登录账户与密码，单击"确定"按钮。

STEP 03 进入到路由器配置界面后，单击左侧列表中的"设置向导"链接，在界面中单击"下一步"按钮。

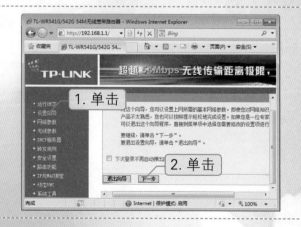

STEP 04 在打开的界面中根据情况选择连接方式，这里选择"ADSL虚拟拨号"选项，单击"下一步"按钮。

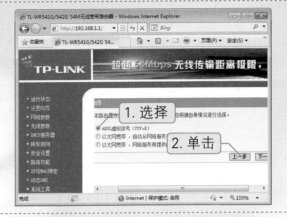

STEP 05 在接着打开的界面中输入宽带账户名与密码（宽带供应商提供），单击"下一步"按钮。

STEP 06 配置完毕后单击"完成"按钮，返回路由器状态界面，在"WAN口状态"区域中显示网络状态后，即表示连接成功。

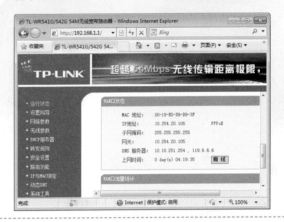

互动练习

1. 简单描述电脑由哪几部分硬件所组成，不同类型的电脑有什么差别。

2. 说说自己常用的电脑周边设备有哪些且分别是用来做什么的，以及这些设备如何与电脑相连接。

3. 了解电脑如何通过ADSL宽带接入互联网、ADSL硬件设备的连接方法以及在Windows 7中建立宽带连接的方法。

第3章

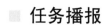

鼠标和键盘的使用

■ 任务播报

❖ 了解鼠标的使用方法
❖ 了解键盘的使用方法

■ 任务达标

　　鼠标和键盘是电脑最基本的控制设备，我们很多时候也都是通过鼠标与键盘对电脑进行操作的。通过对本章的学习，中老年朋友可以全面了解并掌握鼠标的基本使用方法，以及使用键盘输入字符的方法，为接下来使用电脑打下基础。

任务目标 1　掌握鼠标的使用

鼠标，因形似老鼠而得名，是电脑最主要的控制设备之一，我们在使用电脑的过程中，绝大多数操作都是通过鼠标来完成的。所以在开始学习电脑之前，需要全面了解鼠标，并掌握鼠标的使用方法。

1　认识鼠标

我们平时使用的鼠标通常为3键鼠标，即左右键加滚轮。在使用电脑的过程中，打开文件、运行程序、选择对象等除了输入文字之外的操作，大都是通过鼠标的移动以及配合左右键来实现的。

根据鼠标的类型，目前鼠标可以分为普通光电鼠标、多媒体鼠标以及无线鼠标。普通光电鼠标就是日常使用的3键鼠标，如下面左图所示；多媒体鼠标则包含了更多的功能键，如下面中图所示，用于实现其他扩展用途；无线鼠标则没有连线的困扰，能够更大范围地使用，如下面右图所示。

2　鼠标的正确握法

在使用电脑的过程中，除打字时候之外，右手基本是一直握着鼠标的。因此正确的握法，不但能够让鼠标控制更加方便，而且会降低用户使用电脑的疲劳程度。

鼠标的正确握法是：食指和中指自然地放置在鼠标左键和右键上，拇指放在鼠标左侧，无名指和小指放在鼠标的右侧。拇指、无名指及小指轻轻握住鼠标，手掌心轻轻贴住鼠标背部区域，手腕自然地放在桌面上，操作时带动鼠标做上、下、左、右移动，以定位鼠标指针。

3 认识鼠标指针

当开启电脑后，用右手移动鼠标的过程中，屏幕中会显示一个箭头伴随鼠标的移动而在屏幕中移动，这个箭头就称为鼠标指针。鼠标指针是鼠标在电脑屏幕中的体现方式，通常显示为箭头状，但在不同的使用状态下，指针也会显示为不同形状。了解不同指针形状的状态，可以间接了解电脑的状态，从而更有效地使用电脑。

指针形状	操作意义
↖	此样式是鼠标指针的标准样式，表示等待执行操作
↖⌛	此样式表示系统正在执行操作，要求我们等待
⌛	此样式表示系统正处于"忙碌"状态，此时最好不要再执行其他操作，等待现有操作完成后再进行其他操作
⊘	此样式表示当前操作不可用，或操作无效
✥	此样式表示可以移动窗口或者选中的对象
🖑	此样式表示指向了一个超链接。此时单击鼠标将打开链接的目标。一般在上网时用得较多
↖?	此样式表示帮助，单击某个对象后可以得到与之相关的帮助信息
I	此样式表示在文字录入或编辑时，可以对文字进行选择，或者单击鼠标进行光标定位
↕ ↔ ↖ ↗	常常出现在窗口或选中对象的边框上，此时拖动鼠标可以改变窗口或选中对象的大小

4 单击鼠标

单击鼠标是指将鼠标指针移动到指定对象后，用食指按下鼠标左键，并快速松开左键的操作过程，我们通常说的"点击"也就是指单击鼠标。单击操作常用于选择对象、打开菜单或执行命令，如移动鼠标指针到"计算机"图标后，单击鼠标左键，即可选中"计算机"图标。

很多中老年朋友都会遇到这样的问题，就是指向对象后，当按下鼠标按键时，手就会轻微移动而导致无法准确点击，这时只要放松整个右手然后只按下食指即可。当然，对于刚接触电脑的用户来说，还需要不断练习来巩固并掌握鼠标的使用。

5　双击鼠标

双击鼠标，是指将鼠标指针指向目标对象后，用食指快速并连续地按鼠标左键两次的操作过程。双击操作常用于打开某个程序窗口。如双击桌面上的"计算机"图标，就可以打开"计算机"窗口。

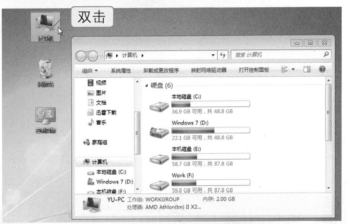

在鼠标的各种操作中，双击鼠标是初学者最难掌握的。在双击过程中，初学者往往把握不住双击的频率，要么双击太快而导致指针移动，无法达到双击效果；要么双击间隔时间过长，而变成了两次单击。

6　右击鼠标

右击鼠标，就是将鼠标指针指向目标对象后，用中指按下鼠标右键并快速松开按键的操作过程。右击操作常用于打开目标对象的快捷菜单。如右图所示为右击"计算机"图标后打开的快捷菜单。

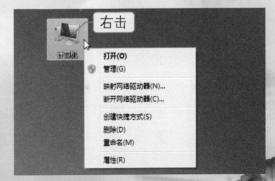

小提示

　　鼠标按键主要是通过食指与中指来操作的，食指负责鼠标左键与滚轮，中指只负责鼠标右键，在刚开始使用鼠标时，一定要养成正确的习惯，坚持不要用食指来按右键。

7 拖动鼠标

　　拖动鼠标，就是将指针指向对象，按下鼠标左键不放，然后继续拖动鼠标指针到目标位置并松开鼠标按键。拖动鼠标通常用来移动对象的位置或选择对象。如下图所示分别为拖动以移动"计算机"图标位置，以及拖动选择多个对象。

任务目标 2 掌握键盘的使用

　　键盘是电脑最主要的输入与控制设备，电脑中的各种文字信息都是通过键盘来输入的，而且通过特定的功能键，还可以对电脑进行各种控制。学习电脑时，同样需要先了解并掌握键盘的使用。

1 认识键盘

　　键盘中汇集了英文字母、符号、数字以及各种功能按键，电脑中的各种文字信息，就是通过敲击对应的按键来输入的。因此键盘也是电脑初学者的学习重点之一，相较鼠标而言，键盘的学习更加复杂，不但需要牢记每个按键的分布，还需要掌握按键方法，对于中老年朋友而言，熟悉键盘可能需要更长的时间。

　　电脑键盘也分为多种类型，包括常见的标准键盘、带有更多功能的多媒体键盘以及更符合使用习惯的人体工学键盘等。对于日常家用的中老年朋友来说，使用标准键盘就足够了。

2　认识键盘功能分区

键盘中包含了100多个按键，我们在学习键盘的使用时，很难快速将各个按键的分布彻底记住。为了能够更合理快速地记忆按键分布，就需要对键盘进行分区，即按照不同的功能将键盘划分为多个区域，然后单独记忆每个区域中的按键分布。

根据按键的功能分布，我们可以将键盘划分为4个区域，分别是主键盘区、功能键区、控制键区以及数字键盘区。

主键盘区

主键盘区是使用频率最高的分区，包含61个按键，分别为字母键、数字键以及一些功能控制键。在电脑中输入中英文、数字、标点符号都是通过主键盘区进行的。如下图所示为键盘的主键盘区。

根据各个按键功能的不同，我们可以将主键盘区中的按键分为字母键、数字键以及控制键几类，而控制键在不同环境下具有不同的用途。

❖　数字键

主键盘区上方为0～9一共10个数字键，按下对应的按键即可输入相应的字符。每个数字键中同时标有一个符号，按下【Shift+数字键】，可输入对应的符号。

❖　字母键

主键盘中包含A～Z一共26个字母键，主要用于在电脑中输入字符。英文字符以及汉字都是通过这些字母键来输入或组合输入的。

❖ 符号键

符号键集中于主键盘区上方与右侧，直接按下将输入按键下方标示的符号，按下【Shift】键后按下对应的符号键，则输入按键上方标示的符号。

❖ 控制键

控制键包括【Ctrl】、【Tab】、【Alt】、【Shift】、【Caps Lock】、【Win】、【Space】键以及【Enter】几个按键，其中【Ctrl】、【Alt】、【Shift】在主键盘区左右两侧各有一个。在不同的使用环境中，控制键具有不同的功能，通常情况下，控制键用于配合对应的数字或字母按键来一起使用。

功能键区

功能键区位于键盘最上方，包含【Esc】键与【F1】~【F12】一共13个按键。【Esc】键称为"退出键"，用于取消正在进行的命令或操作，以及退出特定程序；【F1】~【F12】键在不同的软件中具有不同的功能，如【F1】键通常用于打开软件的帮助文档。

控制键区

控制键区的位置在主键盘区与数字键盘区之间，其中包含了针对光标进行操作的按键以及一些针对页面操作的功能键。控制键区中各按键的功能如下：

❖ 【Insert】键

插入键。主要用来在输入文本时改变文档的插入或改写状态。在输入文本时，按下【Insert】键将转为改写状态，再次按下【Insert】键则返回插入状态。

❖ 【Home】键

行首键。在文字处理环境下，按一下【Home】键，可以使光标回到当前行的行首。按下【Ctrl+Home】组合键，则会将光标快速移动到文档开头。

❖ 【End】键

行尾键。按下【End】键，可以将光标移动到当前行行尾。按下【Ctrl+End】组合键，则移动到文档最后位置。

❖ 【Page Up】键

向前翻页键。在文字处理或网页浏览环境下，按下【Page Up】键会将文档或页面向前翻一页，如果已达到文档或页面顶端，则此键不起作用。

❖ 【Page Down】键

【Page Down】键与【Page Up】键的功能相反，按下该键可将文档或页面向后翻一页，如果已达到文档或页面最后一页的位置，则按键不起作用。

❖　【Delete】键

删除键。用于删除光标右侧的字符，按一下【Delete】键，删除光标右侧字符后光标位置不会改变。

❖　方向键

方向键共有四个，其上分别标识有上、下、左、右的方向箭头。在文字处理环境下，按下对应按键可分别向不同方向移动光标。在特殊环境下，光标控制键还有着其他用途。

❖　其他控制键

光标控制区上方通常包含【Print Screen（SysRq）】、【Scroll Lock】、【Pause】三个按键。【Print Screen（SysRq）】键用于屏幕截图，其他两个键则在DOS环境下使用。

❖　数字键盘区

数字键盘区位于键盘最右侧，其中包含0～9数字键、加、减、乘、除符号键以及【Enter】键，主要便于财务等经常输入数字的人群使用。

数字键盘右上角有一个【Num Lock】键，该按键为数字键盘开关键，按下该按键，键盘上的【Num Lock】灯亮起，表示数字键盘区开启，按下按键即可输入相应的数字或符号；再次按下【Num Lock】按键，【Num Lock】灯灭，表示数字键盘区关闭，此时数字按键将转换为按键上所标示符号的功能，例如用于移动光标。

3　学会正确的击键方法

敲击键盘上的按键时，通常需要双手十指来进行，每个手指负责指定的按键范围，这也称为"手指分工"。规范的键盘使用是详细明确了每个手指的分工的，只有采用正确的手指分工，才能为以后更快速地打字建立良好的基础。

为了击键操作，主键盘区划分了一个区域，称为基准键位区。在准备打字时，除拇指外其余八个手指分别放在基准键位上，拇指放在空格键位上。基准键位分布如下图所示。

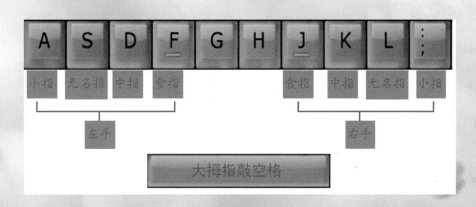

每个手指放置到基准键位后，还需要负责各自的其他按键，这样在敲击按键时，各个手指只要敲击负责范围内的按键就可以了。对于初学者来说，虽然刚开始明确的手指

分工会比较僵硬，打字速度会很慢，但一定要长期正确地坚持下去，而不要随意手指击键。等待熟练之后，打字速度就会有显著提升了。

除了学习手指分工外，还应当掌握正确的击键方法。开始击键时，左右手的4个手指与各基准键位相对应，固定好手指位置后，不得随意离开，更不能使手指的位置放错。

输入过程中，离开基准键敲击其他字符键完毕后，手指应该立即回到对应的基准键上，做好下次击键的准备。操作示意图如右图所示。

小知识

打字时，一定要严格按照手指的键位分工进行击键，击键时以手指指尖垂直向键位使用冲力，并立即反弹，不要长时间按住一个键不放，要迅速但用力不可太大。并且一只手击键时，另一只手的手指应放在基准键位上保持不动。

4 通过键盘输入数字

对于中老年朋友来说，刚开始学习键盘时，最好先通过自己所熟悉的数字键来练习输入0～9各个数字，以达到熟悉键盘按键的第一步。输入数字时，可以通过主键盘区最上方的一排数字按键输入，也可以通过数字键盘输入。

练习输入时，可以打开一个文本编排软件，如Windows 7自带的记事本程序，然后输入相应的数字即可。输入过程中，注意手指的合理分工。

```
无标题 - 记事本
文件(F) 编辑(E) 格式(O) 查看(V) 帮助(H)
0123456789    9876543210
0987654321    0123456789
13579         24680
24680         13579
1122334455    5544332211
6677889900    0099887766
```

 小知识 ◀•••••

数字键盘区左上角的"Num Lock"按键，用于开启或关闭数字键盘，如果按下其他数字键无法输入，多因为数字键盘关闭，只要按下该键开启即可。

5 通过键盘输入字母

字母的输入是学习打字必须掌握的基础，也是学习键盘使用过程中需要最多练习时间的。对于中老年朋友来说，在接触电脑并输入字母时，首先需要巩固记忆26个英文字母，同时还需要记住每个字母的按键位置与手指分工，这就需要花费大量的时间和精力来练习。26个字母键的手指分工如下：

左手食指：RTFGVB   右手食指：YUHJNM

左手中指：EDC   右手中指：IK

左手无名指：WSX   右手无名指：OL

左手小指：QAZ   右手小指：P

可以看到，左右手食指负责的字母键是最多的，这也是我们在输入字母时的练习重点。练习输入字母时，可以在开启电脑的情况下进行，也可以在电脑关闭的情况下仅使用键盘来练习。

6 通过键盘输入符号

键盘中包含了常用的各种符号，有运算符号、单位符号等。仔细观察键盘上包含符号的按键可以看得出，在10个数字键中，按键下方标注有0~9十个数字，而按键上方则标注有不同的符号；其他符号键也是一样的，下方与上方都标注有不同的符号。

那么，具体应当如何输入呢？其实很简单，如果要输入按键下方标注的符号，只要直接按下符号键即可。如输入符号"，"，直接按下 键；如果要输入符号"<"，则需要按下"Shift"键，然后同时按下 键。

输入字键中符号的输入方法也是一样的，如输入符号"%"时，同样需要先按下"Shift"键，然后同时按下"5"键。

互动练习

1. 鼠标的常用操作主要包括单击左键、双击左键、单击右键以及拖动鼠标。以对桌面上的"计算机"图标进行操作为例，说说下表中不同的目的分别需要何种鼠标操作来实现。

移动"计算机"图标到桌面其他位置	
选择"计算机"图标	
打开"计算机"窗口	
打开"计算机"图标快捷菜单	

2. 键盘按键有着明确的手指分工，只有严格按照分工来敲击不同的按键，才能在熟练后实现较快的输入速度。在下表中填写每个手指负责的按键范围，巩固记忆并不断加强练习。

左手	食指	
	中指	
	无名指	
	小指	
右手	食指	
	中指	
	无名指	
	小指	

第4章

Windows 7的基本操作

■ 任务播报

❖ 认识Windows 7桌面

❖ Windows 7的窗口、菜单与对话框

❖ 打造个性的使用界面

❖ 使用Windows 7自带工具

■ 任务达标

　　Windows操作系统是电脑的使用平台，我们无论使用电脑做什么，都需要在Windows中进行。通过对本章的学习，中老年朋友可以基本掌握Windows 7的使用方法，包括Windows窗口的使用、对电脑进行设置、用户账户的管理以及Windows 7自带工具的使用。

任务目标 1 认识Windows 7桌面

桌面是指登录到Windows 7系统后，在开始使用电脑各种功能之前屏幕中显示的背景。无论我们接下来将要使用电脑做什么，都需要从桌面开始操作，所以在开始学习并使用电脑时，首先需要认识Windows 7的桌面，并了解如何通过桌面开始将要进行的各种操作。

1　认识桌面上的图标

桌面图标用于打开对应的窗口或运行相应的程序。第一次登录Windows 7后，桌面上仅显示一个回收站图标，我们可以根据需要将其他系统图标或者常用程序的图标在桌面上显示出来，从而便于以后的快速操作。

2　"开始"菜单的使用

"开始"菜单是Windows系列操作系统的特色之一，其中包含了针对电脑以及程序可以进行的所有命令集合。"开始"有着"开始使用"的意思，意味着对电脑进行的各种操作都可以通过这个菜单来开始，如打开窗口、运行程序等。下面以打开"记事本"程序为例，来了解"开始"菜单的使用方法。

STEP 01 单击屏幕右下角的"开始"按钮，在打开的"开始"菜单中单击"所有程序"选项。

STEP 02 展开程序列表后，单击"附件"选项，在展开的附件列表中单击"记事本"选项，就可以打开记事本程序了。

在Windows 7中，除了可以手动选择命令以打开程序或功能外，还可以通过更加方便的搜索功能来快速搜索指定名称的命令，对于中老年朋友来说这会使我们的使用更加简单快捷。如搜索名称中包含"QQ"的程序，只要直接在"开始"菜单的搜索框中输入"QQ"，然后从搜索列表中直接选择即可。

小知识

随着以后使用电脑时间的增加，我们会在电脑中安装越来越多的软件，并建立越来越多的文件。对于中老年朋友来说，这时就很难记住程序的名称或者文件的保存位置，通过"开始"菜单的搜索功能，就能够快速找到需要的程序或文件了。

3 | 任务栏

任务栏位于屏幕最下方，根据功能可以分为多个区域，从左到右依次为"开始"按钮、窗口控制区域、语言栏以及通知区域。下面简单了解各个区域的用途。

开始按钮　　　　　　　　　　　　　窗口控制区域　语言栏　　通知区域　　0:12　2011/2/3

开始按钮	窗口控制区域
单击该按钮可打开"开始"菜单，前面已经介绍了"开始"菜单的功能，这里就不再赘述。	可以将常用程序的启动按钮放置到该区域中，当启动程序后，还可以通过按钮来控制程序窗口的显示与隐藏。
语言栏	通知区域
用于显示与切换当前采用的输入法，通过语言栏还可以对系统的输入法进行各种设置。	显示了一些系统通知图标与程序通知图标，便于我们快速获知特定程序的状态，右侧则显示当前系统日期与时间。

小知识 ◄

在Windows 7中，窗口控制按钮与程序按钮完美地合二为一，当将一些程序按钮放置到任务栏后，单击按钮可启动程序或打开窗口，之后通过这些按钮，则可以切换窗口，或者最大化与最小化窗口。

任务目标 2 认识Windows 7的窗口、菜单与对话框

窗口、菜单以及对话框，是电脑系统重要的组成部分，我们无论在对Windows进行管理还是使用各种软件时，都是在不同的窗口中进行的。菜单和对话框则是我们与电脑的交流途径，让电脑执行的各种命令或者需要实现的各种功能都是通过菜单与对话框来实现的。

1 认识窗口的组成

电脑中的窗口种类很多，不同用途的窗口，在布局上也各有不同。不过窗口的整体组成布局却是基本相同的，我们在学习时，只要了解常见窗口的基本组成，那么即使遇到不同的窗口，也能够很快地上手。

下面我们通过Windows中最常用的"计算机"窗口，来了解窗口的组成布局以及各个部分的功能。

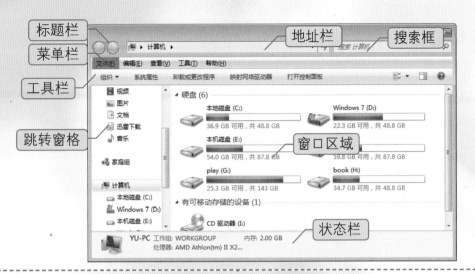

标题栏

标题栏位于窗口最上方，电脑中的所有窗口都含有标题栏，通常情况下标题栏左侧显示当前窗口的名称（或程序名称），右侧依次显示"最小化"按钮 、"最大化"按钮 以及"关闭"按钮 ，用于最小化窗口、最大化（还原）窗口以及关闭窗口。如下图所示为"记事本"窗口的标题栏。

菜单栏

菜单栏中显示了当前窗口的所有命令，根据窗口的不同，所包含菜单项目的数目也不同。单击某个菜单项后，就会打开对应的菜单，在其中可以选择相应的命令。在Windows 7系统窗口中，是没有显示出菜单栏的，如果需要显示，只要按下"F10"键就可以了。

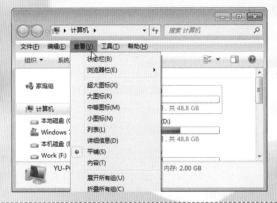

地址栏

地址栏用于显示当前窗口内容的所在位置，在操作中我们也通过地址栏进入到指定位置。另一种常见的窗口地址栏是Internet地址栏，用于输入网址以访问网站，并可以打开地址栏下拉列表框进行选择。

搜索框

搜索框是Windows 7的特色功能，用于在当前窗口位置中快速搜索指定文件或文件夹。在进行搜索时，只要在搜索框中输入搜索关键字，系统就会自动在窗口中显示搜索结果。当不记得文件名称或保存位置时，搜索框就非常有用了。

工具栏

工具栏中显示一些针对当前窗口或窗口内容的工具按钮，通过工具按钮可以对当前窗口或对象进行相应调整与设置。一些工具按钮在单击后，还可以打开包含更多命令的功能菜单。

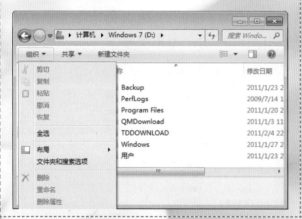

跳转窗格

用于显示电脑中其他常用的位置、个人文档目录以及磁盘目录，无论当前窗口位于哪个磁盘目录，都可以通过跳转窗格来快速跳转到对应的磁盘或文件夹窗口并浏览其中的内容。

窗口区域

窗口区域用于显示当前位置的所有文件与文件夹。当文件夹和文件数目超过窗口显示范围时，将在窗口左侧显示垂直滚动条，或在下方显示水平滚动条，拖动滚动条即可查看窗口显示外的其他文件和文件夹。

状态栏

状态栏位于窗口最下方，用于显示当前窗口中的项目信息，当选择某个对象后，状态栏中还会显示出所选对象的相关信息，如文件夹中包含的文件数目、文件大小等。在一些程序窗口中，则显示当前内容的相关信息。

2 窗口的基本操作

当我们打开一个窗口后，接下来就会根据自己的使用需求，对窗口进行各种操作。中老年朋友在学习电脑时，也应该重点学习并了解Windows窗口的各种常用操作方法，因为以后在使用电脑的过程中，经常会同时打开多个窗口，而这个过程中必然会涉及对不同窗口的操作。

了解窗口控制按钮

Windows 7采用了全新的任务栏窗口控制按钮。与先前版本的Windows不同，在Windows 7中，将任务栏中的程序按钮与窗口控制按钮合二为一。

我们可以将常用程序的按钮放置到任务栏中，这样只要单击对应的程序按钮即可打开窗口或程序，打开后，任务栏中的程序按钮就会变为窗口控制按钮，并且打开窗口后的按钮形态也会发生变化，如下图所示分别为任务栏中"计算机"按钮在未打开窗口、打开1个与多个窗口后的形态。

通过上面的对比我们可以看到，当未打开关联窗口时，按钮显示为图标状；打开一个窗口后，突出显示为一个按钮；打开多个窗口后，突出显示为多个重叠按钮。

除此之外，在Windows 7中，通过窗口控制按钮还可以快速地查看窗口的缩略图，并对窗口进行控制。如打开多个浏览器窗口后，窗口会同时显示在一个窗口控制按钮中。这时如果通过窗口控制按钮对窗口进行操作，就需要先单击对应的按钮，然后在打开的缩略图或列表中选择，如下图所示。

最大化与最小化窗口

最大化窗口，就是将当前窗口布满整个屏幕显示，从而增大窗口的显示范围，便于用户同时查看更多的窗口内容。打开一个窗口后，如果窗口并没有布满整个屏幕显示，那么只要双击窗口标题栏空白位置，或者单击标题栏中的"最大化"按钮，就可以将窗口最大化。

将窗口最大化后，标题栏中的"最大化"按钮将变为"还原"按钮，单击该按钮，可以将窗口返回到非全屏幕显示时的大小。

在Windows 7中，还有一种更加方便的窗口最大化方法，将指针指向窗口标题栏，按下鼠标左键后，拖动窗口到屏幕顶部，此时会显示动态放大透明效果，松开鼠标按键后，即可将窗口最大化，如下图所示。

最小化窗口是指在不关闭窗口的情况下将窗口从屏幕中隐藏，即隐藏在任务栏按钮中。要将当前打开的窗口最小化，只要单击窗口标题栏中的"最小化"按钮，或者单击任务栏中对应的窗口控制按钮即可。

将窗口最小化到任务栏后，如果要恢复显示窗口，只要单击任务栏中对应的窗口控制按钮即可，如果当前程序打开了多个窗口，那么单击窗口控制按钮后，还需要在窗口缩略图中选择对应的窗口。

调整窗口大小

当我们双击图标打开一个窗口后，窗口通常仅占据了一定的屏幕空间，这时我们可以根据浏览需求，对窗口的大小进行调整。如增大窗口以显示出更多内容，或者缩小窗口以便于查看桌面或其他窗口内容。

在Windows 7中调整窗口大小的方法非常简单，只要将指针移动到窗口任意一个边角上，当指针形状变为双向箭头时，向外侧拖动鼠标可增大窗口，向内侧拖动鼠标则可缩小窗口，如下图所示为调整"计算机"窗口的方法。

移动窗口位置

移动窗口位置，就是改变窗口在屏幕中的显示位置，移动窗口的目的通常是为了显示出窗口所遮挡的内容。如打开一个窗口后，窗口显示在屏幕左侧从而挡住了桌面上的图标，这时就可以将窗口移动到屏幕右侧，使被遮挡的图标显示出来。移动窗口位置的方法很简单，只要将指针指向窗口标题栏的任意位置后，按下鼠标左键拖动鼠标到其他位置即可。

小提示

只有在窗口处于非全屏幕显示的状态下，才能在屏幕中任意调整窗口的位置与大小。

在不同窗口之间切换

在使用电脑的过程中，我们往往会同时打开多个窗口，但一次只能对一个窗口进行操作。这就涉及对窗口的切换，也就是当需要对哪个窗口进行操作时，切换到对应的窗口。Windows 7提供了多种窗口切换方法，在实际使用中可以根据情况来使用不同的方法进行切换。

单击窗口可见区域

在多窗口重叠的情况下，用鼠标单击其他窗口的任意可见区域，即可将窗口切换为当前窗口。需要注意的是，切换时不可单击窗口的"关闭"按钮。

通过窗口控制按钮

单击任务栏中对应的程序按钮，即可将对应的程序窗口切换为当前窗口。如果同时打开多个程序窗口，则需要在窗口列表中选择。

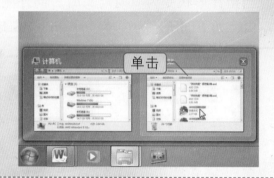

通过窗口切换面板

按下"Alt+Tab"组合键，将打开窗口切换面板，此时按下"Alt"键不放，再依次按下"Tab"键选择窗口，选择后松开按键，即可切换到所选窗口。

使用3D切换

按下"Win+Tab"组合键，将进入3D切换界面，然后按下"Win"键不放，依次按"Tab"键或滚动鼠标滚轮选择窗口，选择后松开按键即可。

小知识

Aero效果对Windows 7很多功能的外观有着较大的影响，如开启Aero后，使用"Alt+Tab"组合键打开窗口切换面板后，就会显示缩略图，而没有Aero时，则仅显示窗口名称。另外，如果没有开启Aero，就无法使用3D切换功能。

"摇一摇"桌面清理

"摇一摇"桌面清理是Windows 7中非常实用且有趣的功能，用于在同时打开多个窗口后，快速将一个窗口之外的其他所有窗口全部最小化。通常来说，当桌面上同时打开多个窗口后，会使得电脑屏幕非常凌乱，这时通过"摇一摇"桌面清理只保留自己需要的那个窗口，而将其他窗口最小化后，就更加便于对指定窗口进行浏览或者操作了。

"摇一摇"窗口的方法非常简单，只要将指针指向要保留窗口的标题栏后，按下鼠标左键并快速左右晃动窗口，其他窗口就会全部最小化了。

通过"摇一摇"的方法将其他窗口全部最小化后，只要再次拖动当前窗口左右晃动，就可以将其他最小化的其他窗口全部恢复显示了。

3　Windows 7中菜单的使用

在Windows 操作系统中，菜单就是一个命令的集合场所，通过菜单命令，我们能够对电脑发出各种指令，从而让电脑按照我们的要求来执行指定的操作。菜单是电脑中非常重要的一个功能，无论是使用Windows还是各种软件，都不可避免地要用到各种各样的菜单命令。

Windows 7中的菜单有功能菜单与快捷菜单两类，下面来认识这两种不同类型的菜单。

功能菜单	快捷菜单
又称为主菜单，指打开一个窗口后，单击窗口菜单栏中的菜单项打开的菜单，功能菜单中包含具有某类共性的菜单命令，如下图所示为打开"计算机"窗口的"文件"菜单。	又称为右键菜单，是指用鼠标右键单击特定对象时，弹出针对被单击对象的功能菜单，快捷菜单中一般包含与被单击对象有关的各种操作命令。如下图所示为右键单击桌面时弹出的快捷菜单。

 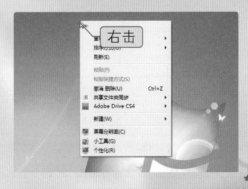

打造个性化的使用界面

任务目标 3

接触电脑之后，广大中老年朋友可能会发现，自己周围每个人的电脑界面都是不一样的，如漂亮的图片背景、桌面图标等。我们可以把这些称为个性化界面，也就是按照自己的喜好来定制一个能够彰显自己个性且更便于自己使用的操作界面。

1 设置最佳的屏幕分辨率

屏幕分辨率是使用电脑时首先需要进行的设置，不同显示器所支持的分辨率也是各不相同的，我们需要结合自己的情况，来设置最佳的显示器分辨率，从而让电脑达到最清晰的显示效果。设置显示器分辨率的操作方法如下：

STEP 01 用鼠标右键单击桌面空白处，在弹出的快捷菜单中选择"屏幕分辨率"命令。

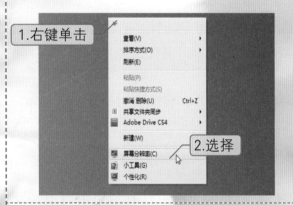

STEP 02 打开"屏幕分辨率"窗口，拖动"分辨率"滑块选择要采用的分辨率，单击"确定"按钮。

STEP 03 此时将自动切换到所选分辨率下，确认采用当前分辨率后，单击"显示设置"对话框中的"保留更改"按钮。

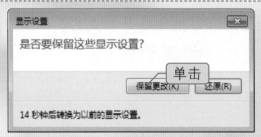

小知识

老款17英寸CRT显示器的最佳分辨率为1024×768像素，而目前17或19英寸液晶显示器的分辨率为1280×1024像素，宽屏显示器的分辨率通常为1440×900像素。我们在设置分辨率时，通常将滑块拖动到最高分辨率就可以了。

2　选一个漂亮的系统主题

　　系统主题是Windows 7中提供的系统界面方案，不同的主题定义了不同样式的桌面背景、图标样式，以及窗口颜色、系统声音等。中老年朋友在使用电脑的过程中，可以为自己选择一个喜欢的系统主题，从而让电脑界面更富有个人风格。设置主题的方法如下：

STEP 01 用鼠标右键单击桌面空白处，在弹出的快捷菜单中选择"个性化"命令。

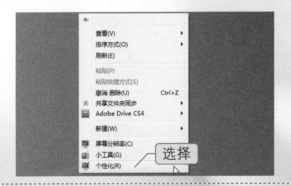

STEP 02 打开"个性化"窗口，在"主题"框中双击要采用的主题方案，如"人物"。

STEP 03 稍后即可为系统应用所选的主题，更改主题后可以看到界面发生了变化。

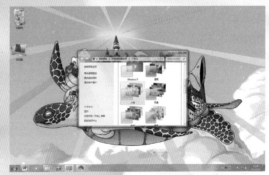

小提示

　　Windows 7中支持Aero的主题，在切换后界面都会显示半透明效果。如果我们选择支持Aero主题后，并没有显示出半透明效果，那多半是由于电脑的显卡性能较低，无法支持Aero效果所致。

3　将自己喜欢的图片设置成桌面背景

　　桌面背景是指电脑屏幕中显示的背景图片，Windows 7提供了非常漂亮的桌面背景，我们也可以将自己喜欢的图片或者个人照片设置为桌面背景。不但使电脑更加个性化，而且在使用过程中还能够随时欣赏到自己的照片。更改桌面背景图片的方法如下：

STEP 01 打开"个性化"窗口，单击下方的"桌面背景"链接。

STEP 02 打开"桌面背景"窗口，单击"照片位置"右侧的"浏览"按钮。

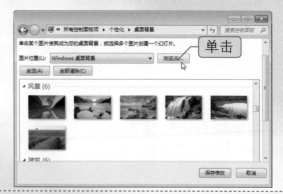

STEP 03 在打开的"浏览文件夹"对话框中选择图片所在目录，单击"确定"按钮。

STEP 04 返回到"桌面背景"窗口后，选择要使用的图片，单击"保存修改"按钮。

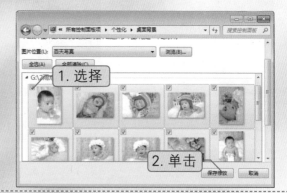

STEP 05 稍后即可将所选的图片集设置为桌面背景，并且背景图片会定期自动更换。

STEP 06 如果要立即更换背景，只要在桌面快捷菜单中选择"下一个桌面背景"命令即可。

4　改变窗口的颜色

在Windows 7中，我们同样可以将电脑的界面色调更换为自己喜欢的颜色，让自己在

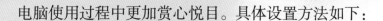

电脑使用过程中更加赏心悦目。具体设置方法如下：

STEP 01 打开"个性化"窗口，单击下方的"窗口颜色"链接。

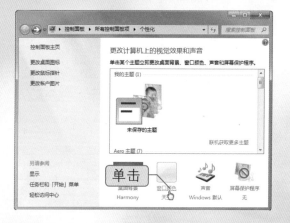

STEP 02 在打开的"窗口颜色和外观"窗口中选择要采用的颜色并调整浓度，单击"保存修改"按钮。

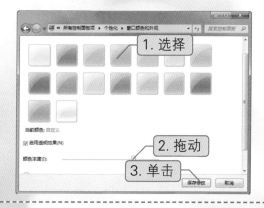

只有应用了Aero效果的主题后，才能任意更改窗口界面的颜色。

5 将常用图标显示在桌面上

很多电脑用户都喜欢通过桌面图标来打开窗口或者启动程序，但是在Windows 7中，桌面上默认仅显示一个"回收站"图标。对于习惯使用桌面图标的中老年朋友来说，就需要将自己常用的图标放置到桌面上。

显示系统图标

系统图标是指Windows系统的功能图标，常用的主要有"计算机"、"控制面板"等，将这些图标显示在桌面的方法如下：

STEP 01 打开"开始"菜单，用鼠标右键单击"计算机"图标，在快捷菜单中选择"在桌面上显示"命令。

STEP 02 此时即可在桌面上显示出"计算机"图标，"控制面板"图标的显示方法也是相同的。

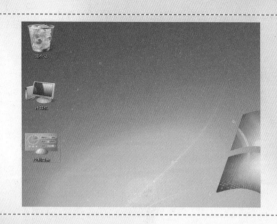

显示程序图标

程序图标是指电脑中各种软件的快捷图标，如常用的Word、QQ等。在电脑中安装软件后，如果桌面上没有显示出快捷图标，那么就需要用户自行将其显示在桌面上。

打开"开始"菜单并进入到"所有程序"列表中，找到要在桌面上显示图标的程序选项后，用鼠标右键单击选项，在弹出的快捷菜单中选择"发送到\桌面快捷方式"命令，即可将程序图标显示在桌面上了。

小知识 ◀······

有些软件在安装后，会自动在桌面上创建快捷图标，但有些软件却不会创建。

6 让文字显示更大一点

中老年朋友在使用电脑的过程中容易遇到一个问题，就是屏幕中显示的文字太小而无法看清楚，尤其在阅读一些文字较多的内容时。在Windows 7中，我们可以让系统文字显示得更大一些从而便于阅读，设置方法如下：

STEP 01 打开"屏幕分辨率"窗口，单击窗口下方的"放大或缩小文本和其他项目"链接。

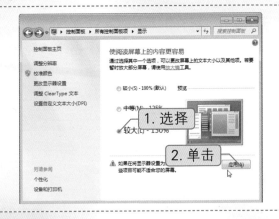

STEP 02 打开"显示"窗口，在窗口中选择"较大"选项，单击"应用"按钮。这样，系统将增大文本与项目的显示比例。

7 | 显示出桌面小工具

　　桌面小工具是Windows 7中提供的一些实用小工具，我们可以将这些工具摆放到桌面上并任意调整位置，不但能够让电脑桌面更加漂亮，而且不同的小工具还可以帮助我们快速地获取特定的信息，或者实现不同的功能。

　　Windows 7中提供了较多的小工具，我们也可以连接到网络获取更多对自己有用的小工具。在桌面上显示出小工具的具体操作方法如下：

STEP 01 打开"开始"菜单并进入到"所有程序"列表中，找到并单击"桌面小工具库"选项。

STEP 02 打开小工具库窗口，其中列出了Windows 7自带的所有小工具，双击要显示的小工具图标。

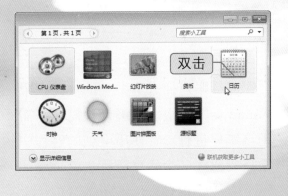

STEP 03 此时即可在桌面上显示出所选的小工具，拖动鼠标可以任意移动小工具在桌面上的位置。

STEP 04 按照同样的方法，将其他要用到的小工具显示在桌面上，并根据个人喜好来排列小工具的位置。

任务目标 4 管理好电脑的用户账户

在很多家庭或办公环境中，往往一台电脑是被多人来公用的。这种情况下，为了使每个用户都能拥有自己的使用环境，就需要在Windows 7中为每个用户建立各自的账户。并且在以后的使用电脑过程中，还需要对不同的账户进行各种管理。

1 了解Windows中的用户账户

对于中老年朋友来说，我们需要了解Windows 7中的两种账户类型：一种是管理员账户；一种是标准账户。二者最大的差别在于对电脑使用权限的不同。

管理员账户	标准账户
管理员账户拥有对系统的最高权限，在Winodws中的很多高级管理操作都需要使用该账户进行。在使用电脑的过程中，通常只要建立一个管理员账户就可以了，这样会有效防止多人使用电脑时，由于某个用户误操作而影响其他账户使用。	标准账户也称为普通账户，这类账户能够对电脑进行各种常用操作，但无法进行可能影响到其他用户以及电脑正常运行的设置。在多人使用电脑的环境下，除建立一个管理员账户外，为其他用户都建立标准账户就可以了。

小知识

Windows 7中拥有对电脑最高控制权限的账户是Administrator，该账户是Windows 7自建账户，也就是安装Windows 7后系统会自动创建。在默认情况下，Administrator账户是没有开启的，只有当系统出现严重故障时，才建议开启并使用Administrator账户。

2 | 新建用户账户

　　在使用电脑的过程中，我们需要为每一个使用者建立一个对应的用户账户，这样每个用户就可以使用自己的账户来登录并使用电脑了。新建用户账户的方法如下：

STEP 01 单击"开始"按钮，单击右侧的"控制面板"选项。

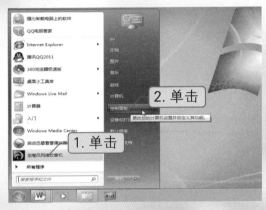

STEP 02 打开控制面板窗口，切换到"大图标"查看方式后，单击"用户账户"选项。

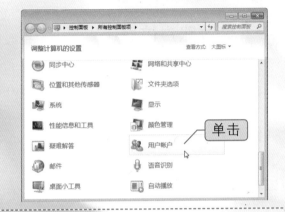

STEP 03 打开"用户账户"窗口，单击下方的"管理其他账户"链接。

STEP 04 打开"管理账户"窗口，单击列表框下方的"创建一个新账户"链接。

STEP 05 进入到"创建新账户"窗口，在其中输入账户的名称并选择账户类型后，单击"创建账户"按钮。

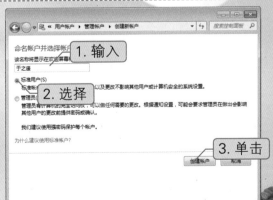

STEP 06 返回到"管理账户"窗口后，可以看到新建的账户已经显示在账户列表中。以后就可以使用该账户登录系统了。

3 修改账户信息

在电脑中创建了多个用户账户后，以后使用电脑的过程中，每个用户都可以根据需要来修改自己的账户信息，如名称、图片以及密码等。

修改账户名称

创建账户时，我们可能为了方便而任意输入了账户的名称，以后使用这个账户时，就可以将名称更改为与使用者有关的信息，如自己的姓名等。修改账户名称的方法如下：

STEP 01 进入到"管理账户"窗口后，在列表中单击选择要修改名称的账户。

STEP 02 进入到"更改账户"窗口，在左侧列表中单击"更改账户名称"链接。

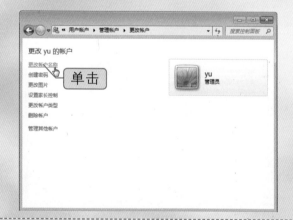

STEP 03 在打开的"重命名账户"窗口中输入新的账户名称，单击"更改名称"按钮。

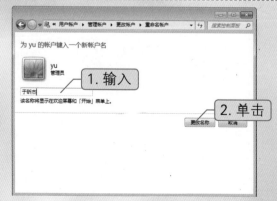

STEP 04　返回到"更改账户"窗口后，可以看到账户名称已经发生了改变。

修改账户图片

账户图片是每个账户的标识，我们可以为自己的账户设置一个独特的标识图片，如自己的照片等，从而与其他账户直观区分开来。修改账户图片的方法如下：

STEP 01　在"管理账户"窗口中选择要更改图片的账户，进入到"更改账户"窗口，单击"更改图片"链接。

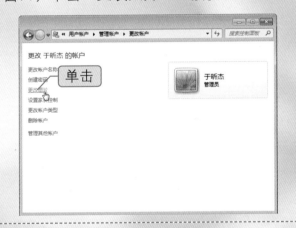

STEP 02　进入到"选择图片"窗口，可以直接选择Windows自带图片，也可单击"浏览更多图片"链接选择个人照片。

STEP 03　在"打开"对话框左侧选择照片的保存目录，在列表中选择要设置为账户图片的照片，单击"打开"按钮。

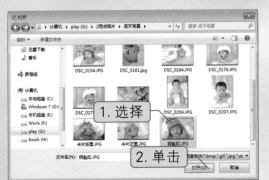

STEP 04　返回到"更改账户"窗口后，可以看到账户图片已经发生了变化。

设置账户密码

创建账户后，为了防止别人使用自己的账户登录电脑，就可以为账户添加密码，这样使用账户时，必须输入正确的密码才能登录。设置账户密码的方法如下：

STEP 01 在"更改账户"窗口中单击"创建密码"链接。

STEP 02 打开"创建密码"窗口，输入要设置的账户密码后，单击"创建密码"按钮。

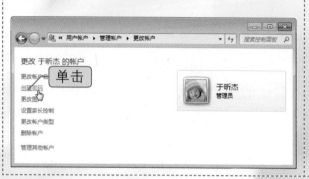

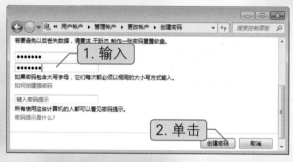

4 删除无用的账户

建立了多个用户账户后，如果某位用户不再需要继续使用电脑，那么就可以将对应的用户账户删除。删除账户时，必须使用具有管理员权限的账户登录到Windows，其具体方法如下：

STEP 01 进入到"管理账户"窗口，在列表中选择要删除的账户。

STEP 02 进入到"更改账户"窗口后，单击左侧的"删除账户"链接。

STEP 03 在"删除账户"窗口中选择账户的删除方式，这里单击"删除文件"按钮。

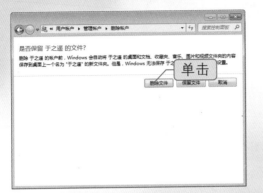

STEP 04 在打开的"确认删除"窗口中单击"删除账户"按钮，即可将账户删除。

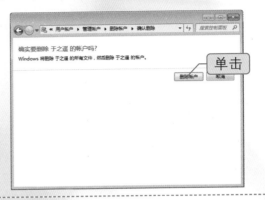

小知识

　　在Windows 7中，每个账户都拥有各自的文档目录，用于存储一些用户的个人文件，如桌面文件、"图片"目录等，删除账户时如果选择"删除文件"，则会将这些账户的个人文件一同删除，如选择"保留文件"，则会将这些文件保留并存放到以账户名为名称的文件夹中。

5 控制账户使用电脑

　　Windows 7为我们提供了一个非常有用的功能，称为"家长控制"。使用这个功能，我们就可以方便地对每个用户使用电脑进行限制，如家长可以让小朋友合理使用电脑。家长控制的功能主要包括两个方面：一是使用电脑的时间；二是使用电脑的软件限制。

控制用户使用时间

　　无论使用电脑娱乐还是工作，都不宜长时间面对电脑，这样长时间会引发各种身体问题，尤其对于沉迷于电脑的用户而言。通过时间限制功能，我们就可以对用户一周内使用电脑的时间进行限制，即允许哪些时候使用而哪些时候禁止使用。其设置方法如下：

STEP 01 打开控制面板窗口，单击"家长控制"选项。

STEP 02 进入到"家长控制"窗口，单击选择要控制的账户选项。

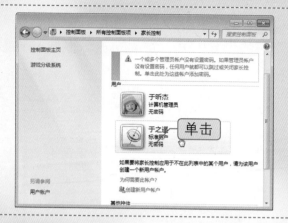

STEP 03 打开"用户控制"窗口，选中"启用"选项，单击下方的"时间设置"链接。

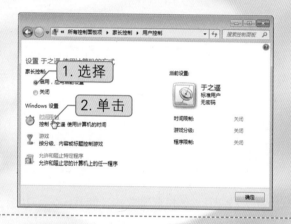

STEP 04 打开"时间限制"窗口，在表格中拖动鼠标选择一周中每天禁止使用的时间段，单击"确定"按钮。

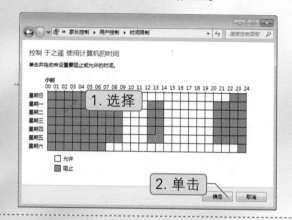

限制程序的使用

在使用电脑的过程中，往往会逐渐在电脑中安装各种各样的软件，这时就可以对不同账户使用软件的权限进行限制。即限制某些用户使用特定的软件，如限制儿童使用游戏或娱乐软件等。使用家长控制限制程序使用的方法如下：

STEP 01 进入到对应用户账户的"用户控制"窗口，单击下方的"允许和阻止特定程序"链接。

STEP 02 在"应用程序限制"窗口中选中"只能使用允许的程序"选项，在列表框中选择允许该用户使用的程序，单击"确定"按钮。

任务目标 5 使用Windows 7自带工具

Windows 7中自带了很多非常有用的工具软件，当我们安装操作系统后还没有安装各种用途的软件时，使用Windows 7自带的工具软件，也能够满足日常的基本使用需求。在众多自带工具中，使用较多的主要有记事本、写字板、画图以及计算器等工具。

1 | 使用记事本临时记录

记事本是一款用于记录文本的工具软件，广大中老年朋友在使用电脑的过程中，可以使用记事本记录一些临时内容，并将记录的内容保存到电脑中以便于随时查看。记事本的使用方法如下：

STEP 01 打开"开始"菜单并进入到"所有程序"列表中，展开"附件"列表，选择"记事本"选项。

STEP 02 打开记事本窗口后，在语言栏中选择自己习惯使用的中文输入法。

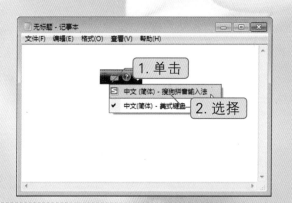

STEP 03 在记事本中可以输入英文、数字以及中文。按照输入法的编码规则，依次输入汉字的编码，如拼音输入。在记事本中输入需要的汉字。

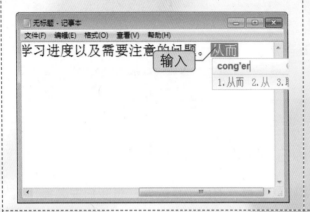

STEP 04 输入内容较多时，通常会超过窗口的显示范围，这时可在"格式"菜单中选择"自动换行"命令，让文字自动换行以适应窗口显示范围。

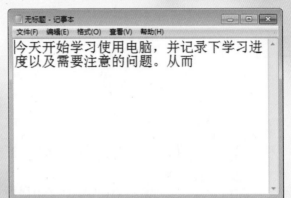

STEP 05 输入完毕后，在"文件"菜单中选择"保存"命令。

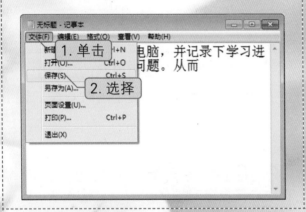

STEP 06 打开"另存为"对话框，在"文件名"框中输入文件名称，单击"保存"按钮保存文件。

STEP 07 保存文件后，在"开始"菜单中选择"文档"选项，打开文档窗口，即可看到保存的记事本文件了。

在Windows 7中，默认会将各种程序创建的文件都保存到"文档"目录中，如果我们要将文件保存到其他目录，只要在"另存为"对话框左侧的列表中选择磁盘或者文件夹位置，然后再设置文件名并保存就可以了。

2 使用写字板编排文章

Windows 7中自带的写字板工具，是一款小型的文档编排工具，我们可以利用写字板编排各种文档资料，并对文本格式及页面格式进行多种设置，从而编排出各种规范的文档。还可以将图片插入到文档中，制作图文并茂的文档。

输入与编排文本

在"开始"菜单的"附件"列表中选择"写字板"选项，即可打开写字板程序，然后就可以任意输入自己需要的文本内容了。在写字板中输入文本后，可以灵活地对文本格式、段落格式进行设置。下面通过编排一篇散文来了解写字板中输入与编排文本的方法。

STEP 01 打开写字板窗口，并切换到自己熟悉的中文输入法。

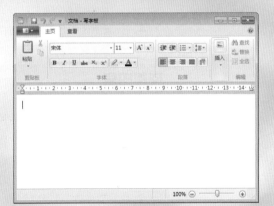

STEP 02 在写字板中输入文字内容，当需要开始新的段落时，按下回车键即可。

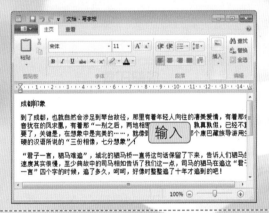

STEP 03 选中文档标题，在"字体"组中将字体更改为"方正综艺简体"，字号设置为"26"。

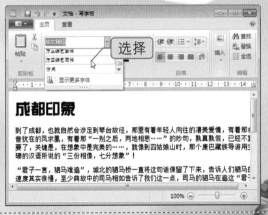

STEP 04 继续选中文档标题，单击"段落"组中的"居中"按钮，将标题文本在文档中居中显示。

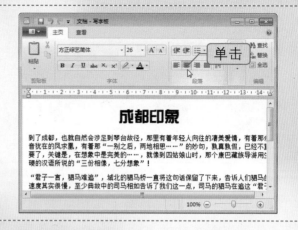

小知识

　　文本格式是指针对文档中字符的格式，包括字体、字号、字型以及颜色等；段落格式则是指针对段落整体的格式，包括缩进、间距、对齐方式等。

STEP 05 拖动鼠标选中所有正文内容，将字体设置为"楷体"，字号设置为"14"。

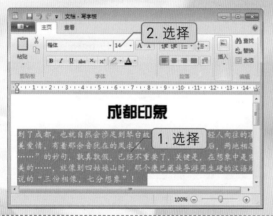

STEP 06 继续选中所有正文段落，单击"段落"组中的"段落"按钮。

STEP 07 打开"段落"对话框，在"首行"框中输入"1厘米"，单击"确定"按钮。

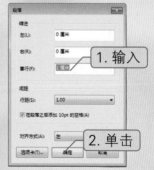

STEP 08 此时即可将文档中段落的缩进调整为中文习惯的缩进两个字符，一份规范的文档也就编排完成了。

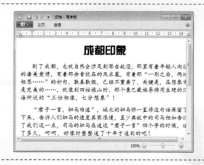

在文档中插入图片

写字板提供的插图功能，可以让我们方便地将电脑中保存的图片插入到文档中，从而制作出图文并茂的文档。在文档中插入图片的方法如下：

STEP 01 将光标移动到第一个段落之后，按下回车键换行，并将对齐方式更改为居中。

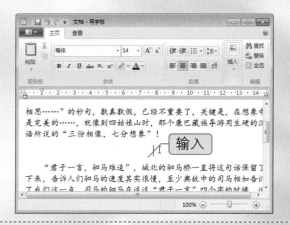

STEP 02 单击"插入"按钮，在列表中单击"图片"按钮。

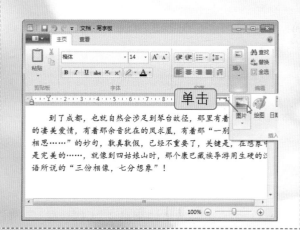

STEP 03 打开"选择图片"对话框，在其中选择要插入到文档的图片后，单击"打开"按钮。

STEP 04 将图片插入到文档后，用鼠标拖动四周的控点调整到合适大小，一份图文并茂的文档就编排完成了。

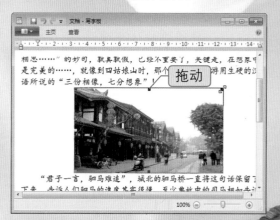

3 使用画图工具涂鸦

画图工具是Windows 7中自带的一款简单绘图程序，我们可以使用画图工具来绘制各种创意图形，或者对电脑中的照片进行简单的设计。不过多数情况下，使用鼠标控制画图工具绘制的图形都比较粗糙，因此很少有用户会采用画图工具来绘图。更多时候，我们都是利用画图工具来简单设计照片。

下面使用画图工具为照片添加边框与说明文字，来看看如何通过画图工具对照片进行修饰。

STEP 01 打开画图工具，在"文件"菜单中选择"打开"命令。

STEP 02 在"打开"对话框中选择要打开的图片后，单击"打开"按钮。

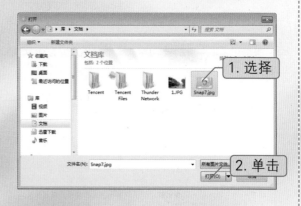

小提示

由于数码相机拍摄的照片都比较大，所以在画图工具中打开后，并不能在窗口中完整显示出来，这时就需要对照片的显示比例进行一定的缩放，通过"查看"选项卡就能完成。

STEP 03 打开照片后，选择"圆角矩形"形状，并选择颜色为黑色。

STEP 04 在图片中拖动鼠标绘制一个圆角矩形，使之成为图片的边框。

STEP 05 在"工具"列表中单击"文本"按钮，选择文本工具。

STEP 06 绘制一个文本框，在其中输入相应的文本内容，并设置字体、大小与颜色。

4 | 使用计算器计算数据

Windows 7中附带了一款有用的计算器工具，在使用电脑的过程中，可以方便地使用计算器对各种数据、公式进行计算。

在"开始"菜单的"附件"列表中选择"计算器"选项后，就可以启动计算器了，启动后如果要计算公式，只要用鼠标逐个单击计算器面板中的数字与运算符号按钮就可以了。如计算"31×5+20"，只要依次单击3、1、*、5、+、2、0、=，就可以得到计算结果了。

通过观察我们可以发现，计算器面板中的按钮分布，与数字键盘中按键的分布是一样的。这也表示我们在计算数据时，可以直接通过数字键盘中的按键来替代计算器面板中的按钮。

互动练习

1. 桌面上的图标分为系统图标与程序图标，在桌面上显示这些图标的方法也是不同的。尝试在自己的电脑桌面上显示出"计算机"与"Internet Explorer"图标，了解不同类型图标的显示方式。

2. 通过各种设置，我们可以将自己的电脑界面打造得非常个性化，说说能够让显示更有个性的设置主要有哪些，并综合这些设置来设计自己的界面。

3. 用户账户可以让多人使用电脑时互不干扰，说说用户账户的建立方法以及注意事项，并根据电脑的使用情况建立多个用户账户。

4. Windows 7附带了很多有用的小工具，请将下面的工具与各自的用途连接起来。

记事本	在照片中添加图像
写字板	记录简单的文字内容
画图	编排规范的文档
计算器	将屏幕内容截取为图像
截图工具	计算公式

Chapter Five

第5章

输入文字

任务播报

- ❖ 认识中文输入法
- ❖ 安装与删除输入法
- ❖ 选择与切换输入法
- ❖ 使用搜狗拼音输入法
- ❖ 更简单的语音输入
- ❖ 使用五笔输入法录入汉字

任务达标

在使用电脑的过程中，必不可少地要在电脑中输入汉字。通过对本章的学习，中老年朋友可以全面掌握Windows 7中输入法的基本操作以及使用拼音输入法输入汉字的方法。同时，还可以了解Windows 7语音识别的使用，并掌握专业汉字录入的五笔字型输出法的录入方法。

认识中文输入法

键盘上只有英文字母与数字按键，当我们需要输入汉字时，就需要借助中文输入法来实现。目前常用的中文输入法主要有拼音输入法与五笔输入法两种，中老年朋友在学习输入汉字前，可以先对这两种不同的输入法进行简单了解。

1 拼音输入法

拼音输入法是目前使用人数最多、也最容易上手的汉字输入法。拼音输入法采用汉语拼音作为汉字的输入编码，由于我们都已经具备了一定的汉语拼音基础，因此只要通过简单的学习与不断的练习巩固，就能够很快掌握拼音输入法的使用。

使用拼音输入法时，我们需要先熟悉汉字的拼音，键盘上的26个字母键已经包含了所有拼音字母，在输入时，只要按顺序输入拼音，然后选择汉字就可以了。如"我"的拼音为"wo"，那么在输入时，只要按下"W"与"O"键就能够输入了。

拼音输入法的优势在于无须从零开始学习，而只要巩固已有的拼音知识就可以了。缺点是输入一个拼音后，往往会得到很多同音字，需要从中选择，这样就会降低输入速度。

2 五笔输入法

五笔输入法是一种与拼音输入法截然不同的汉字输入法，采用汉字的结构作为编码。五笔输入法按照汉字的结构，将最常用的汉字结构拆分为字根，并合理安排在26个字母键上，输入汉字时，只要将完整的汉字拆分为多个字根，然后按下对应字根所在的按键就可以输入汉字了。

五笔字根的优势在于编码简单，一个汉字最多按4次按键就能输入；重码率低，输入编码后能精确得到所需汉字。缺点在于需要从零开始学习五笔输入法知识，并且需要记忆大量的字根与汉字拆分方法。

要使用五笔输入法，首先需要背字根，并牢牢记住每个按键上的字根分布。同时，还需要学习汉字的拆分方法。对于刚接触电脑的中老年朋友来说，如果在使用电脑的过程中不必经常输入大量的汉字，那么不建议学习五笔输入法，因为这需要耗费大量的精力和时间。

安装与删除输入法

Windows 7中提供了很多不同类型的中文输入法，但有些输入法需要添加后才能使用。另外，我们也可以自行在电脑中安装更好用的第三方输入法，并将不会用到的输入法删除。

1 添加输入法

除了英文输入法与微软拼音输入法外，Windows 7中还提供了简体中文全拼、双拼、郑码输入法等中文输入法，如果我们需要使用这些输入法，可以将其添加到输入法列表中。添加输入法的方法如下：

STEP 01 用鼠标右键单击任务栏中的输入法指示器，在弹出的快捷菜单中选择"设置"命令。

STEP 02 打开"文本服务和输入语言"对话框，在"常规"选项卡中单击"已安装的服务"列表框右侧的"添加"按钮。

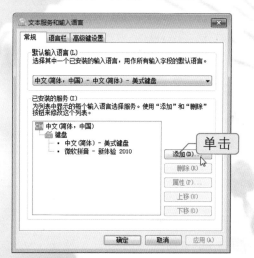

STEP 03 打开"添加输入语言"对话框，在列表中选中要添加输入法之前的复选框，单击"确定"按钮关闭对话框。

STEP 04 添加完毕后，单击语言栏中的输入法指示器图标，在打开的输入法列表中就可以看到所添加的输入法了。

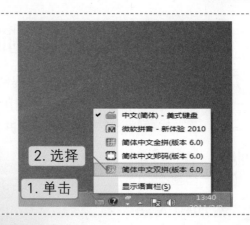

2. 选择

1. 单击

2 安装输入法

目前有很多非常好用的第三方输入法，如搜狗拼音输入法、拼音加加输入法以及各种五笔输入法等。如果要使用这些输入法，就需要获取安装文件并在电脑中安装，下面安装搜狗拼音输入法，其方法如下：

STEP 01 获取搜狗拼音输入法安装文件后，双击安装文件图标运行安装程序。

双击

STEP 02 打开"搜狗拼音输入法"安装对话框，直接单击"下一步"按钮。

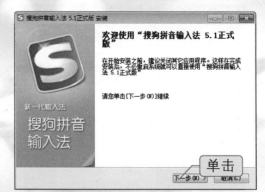

单击

STEP 03 打开"许可证协议"对话框，阅读许可协议内容后，单击"我同意"按钮。

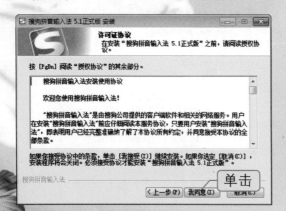

单击

STEP 04 在打开的"选择安装位置"对话框中单击"浏览"按钮选择安装位置，单击"下一步"按钮。

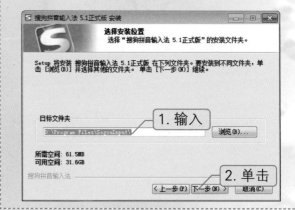

1. 输入

2. 单击

STEP 05 在接着打开的对话框中可以设定输入法安装后在"开始"菜单中显示的目录名称，建议保持默认，直接单击"下一步"按钮。

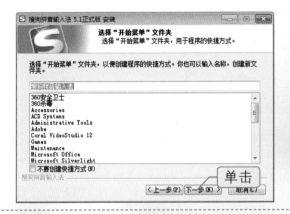

STEP 06 开始安装搜狗拼音输入法，对话框中同步显示安装进度，用户需要略作等待。

STEP 07 安装完毕后，在最后打开的对话框中单击"完成"按钮结束安装。

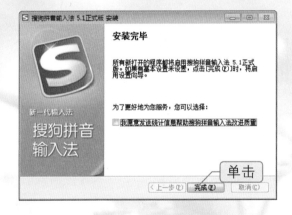

STEP 08 再次单击语言栏中的输入法指示器按钮，在打开的输入法列表中即可看到并选择新安装的"搜狗拼音输入法"了。

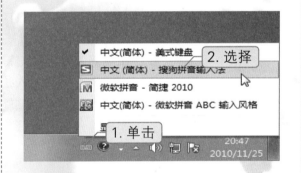

3 删除输入法

输入法列表中有一些并不常用或者一直都不会用到的输入法，这时就可以将其从输入法列表中删除，从而提高输入法的切换速度。

要删除输入法列表中的某个输入法，只要打开"文本服务和输入语言"对话框，在输入法列表框中选择要删除的输入法后，单击右侧的"删除"按钮，然后单击"确定"按钮关闭对话框就可以了。

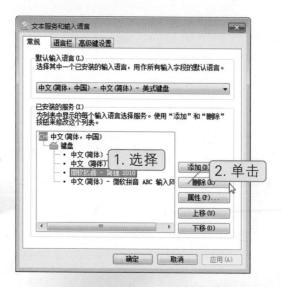

小提示

这里讲解的删除输入法，只是将输入法从当前输入法列表中删除，而并没有从电脑中彻底删除。如果以后我们需要使用这个输入法时，还可以按照添加输入法的方法，将输入法添加到输入法列表中。

任务目标 3 选择与切换输入法

在电脑中我们通过键盘既可以输入英文，也可以输入汉字。这就需要使用不同的输入法，输入英文时需要使用英文输入法，而输入汉字时需要使用中文输入法。我们在电脑中输入信息过程中，必须要掌握输入法的选择与切换方法，从而能够随意地输入各种需要的中英文信息。

1 选择要使用的输入法

无论是添加了Windows 7自带的输入法，还是安装了其他第三方输入法，这些输入法都会显示在语言栏的输入法列表中。当我们需要使用哪个输入法输入时，首先需要选择这个输入法，或者叫切换到这个输入法，然后才能按照输入法的编码规则来输入文字。

输入法是通过语言栏来切换的，进入到Windows 7后，单击语言栏中的输入法指示按钮，即可打开输入法列表，在列表中选择某个输入法，即可切换到该输入法，同时语言栏中会自动更改显示所选输入法指示按钮，如下图所示为由默认的英文输入法切换到微软拼音输入法的过程。

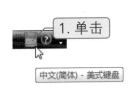

还有一种更加快捷的输入法切换方法，那就是使用"Ctrl+Shift"组合键来切换输入法。按下左【Ctrl+Shift】组合键，可以按照输入法列表中由上到下的顺序在各个输入法之间切换；按下右【Ctrl+Shift】组合键，则可按照由下到上的顺序在各个输入法之间切换。

2 在中英文输入法之间快速切换

对于中老年朋友来说，电脑中通常只要保留英文输入法与一种自己所熟悉的中文输入法就足够了。这样在输入过程中就可以更加快捷地在中文与英文输入法之间相互切换。

Windows 7提供了中英文输入法快速切换热键"Ctrl+Space（空格）"组合键，如果当前正在使用英文输入法，按下"Ctrl+Space（空格）"组合键后可快速切换到中文输入法；反之如果正在使用中文输入法，那么按下"Ctrl+Space（空格）"组合键则可快速切换到英文输入法。

3 认识输入法状态条

输入法状态条是指切换到输入法后，屏幕中显示出表示输入法状态的浮动条，如微软拼音输入法的状态条为 。输入法状态条的用途有两方面：一是便于直观查看当前输入法的输入状态；二是用于更改输入法的输入状态，以及对输入法进行各种设置。

虽然中文输入法有很多种类，但输入法状态条的功能却是比较相近的，下面以微软拼音输入法状态条为例，来介绍输入法状态条中各个图标与按钮的功能。

输入法指示按钮	中英文切换按钮
表示当前输入法为微软拼音输入法，单击输入法指示按钮，可打开输入法列表。 	单击该按钮，可在中文输入与英文输入状态之间进行切换，切换为英文输入状态后，按钮将变为 ，此时将只能输入英文字符。

全半角切换按钮	**中英文标点切换按钮**
单击该按钮，可在全角与半角字符之间切换，切换到全角字符后按钮显示为。在全角状态下输入的字母、数字以及符号均占据两个字符的位置。	单击该按钮，可在中文标点符号与英文标点符号输入状态之间进行切换，切换为英文标点符号输入状态后，按钮将变为，此时将只能输入英文标点符号。
软键盘按钮	**输入板按钮**
单击该按钮，在菜单中选择键盘类型后，即可显示出屏幕键盘，用鼠标单击键盘上的按键即可输入对应的字母或者各种类型的符号。	单击该按钮，可打开输入法自带的输入板，再次单击则关闭。输入板用于输入一些偏旁等生僻字以及插入符号。

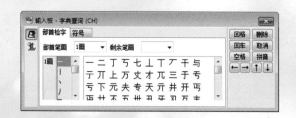

任务目标 4 使用搜狗拼音输入法

搜狗拼音输入法是一款非常优秀的拼音输入法，采用汉语拼音作为汉字的编码，支持全拼、简拼以及混拼多种方式混合式输入，大大简化了汉字的输入过程，并能够提高汉字输入的速度。

1 输入单个汉字

使用搜狗拼音输入法输入汉字时，只要先切换到搜狗拼音输入法，然后通过完整的汉字拼音来输入相应的汉字就可以了。由于汉语中有非常多的同音字，因此在输入拼音后，往往需要从对应的汉字列表中进行选择。

以输入汉字"我"为例，依次按下"W"和"O"键，输入拼音"wo"，输入框中就会显示出拼音为"wo"的所有汉字，我们只要从输入框中选择汉字"我"就可以了。

小知识 ◄

如果需要输入的汉字排在第一位，只要按下空格键或者数字键"1"就可输入，如果排在其他位，则需要按对应的数字键输入。

2 输入词组

词组的输入方法与汉字基本相同，不过在输入词组时，可以通过简拼或混拼的方法来快速输入。下面来看看三种不同的词组输入方法。

全拼输入

全拼输入就是通过输入词组中每个汉字的完整拼音来输入词组，如词组"电脑"的拼音为"diannao"，输入后从输入框中选择词组即可。

混拼输入

混拼输入就是词组中部分汉字输入完整拼音，而部分汉字只输入第一个字母。如"电脑"的混拼可以为"diann"，也可以为"dnao"。

简拼输入

简拼输入就是只输入词组中每个汉字拼音中的第一个字母。如"电脑"的简拼为"dn"。由于简拼输入扩大了拼音范围，因此也会得到较多的重码词组。

小提示 ◄

到底该使用哪种输入方式来输入词组，需要我们根据输入情况来决定，如生僻词组使用全拼输入；常见词组使用简拼输入或混拼输入。

3 输入语句

使用搜狗拼音输入法除了可以输入单字或者词组外，还可以输入完整的语句，语句的输入方法很简单，只要按次序输入每个汉字的拼音即可，通常情况下，搜狗拼音输入法会根据输入的拼音来自动判断语句并给出正确的汉字。如输入"学习电脑很简单"，只要输入拼音"xue xi dian nao hen jian dan"就可以了。

使用五笔输入法

五笔输入法是目前使用非常广泛的中文输入法，无论输入汉字还是词组，只要按4次键就可以输入。对于以后要经常输入大量文字的中老年朋友来说，就可以学习并熟练五笔输入法的使用。

1　了解五笔字根

五笔字根是使用五笔输入法输入汉字时基本的汉字组成单位，在五笔输入法中，每个汉字都是由一个或多个字根组合而成。要学习五笔输入法，必须要牢牢记住字根在键盘上的分布并完全掌握五笔字根。

五笔字根的按键分布

五笔字型把字根按照一定的规律分布排列在键盘的字母键位上。五笔字型（86版）共设计了130多种字根，按照一定的规律排列在25个键位上（Z键除外）。

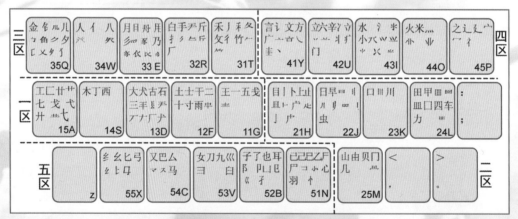

为了便于记忆，五笔输入法发明者编写了专门的字根助记词。对于要学习五笔的读者来说，通过助记词来背字根是个非常有效的方法。如下表所示：

按键	助记词	说明
G	王旁青头兼五一	（"兼"即"戋"）
F	土士二干十寸雨	
D	大犬三羊古石厂	"羊"指羊字底"羊"
S	木丁西	

续表

按键	助记词	说明
A	工戈草头右框七	“右框”即“匚”；“草头”即“艹”
H	目具上止卜虎皮	“具上”指“具”字的上部“且”；“虎皮”分别指字根“广虍”
J	日早两竖与虫依	
K	口与川，字根稀	
L	田甲方框四车力	“方框”即“口”
M	山由贝，下框几	“下框”指字根“冂”
T	禾竹一撇双人立反文条头共三一	“双人立”即“彳”“条头”即“夂”
R	白手看头三二斤	“看头”即“手”
E	月彡乃用家衣底	“彡”读“衫”；“家衣底”即“豕、𧘇”
W	人和八，三四里	
Q	金勺缺点无尾鱼犬旁留乂儿一点夕氏无七	“勺”缺点即“勹”；无尾鱼即“鱼”指“犭、乂、儿、夕”“氏”去掉“七”为“匚”
Y	言文方广在四一高头一捺谁人去	高字头“亠”；“谁”去“亻”为“讠、圭”
U	立辛两点六门病	“病”指“疒”
I	水旁兴头小倒立	“氵、⺌、⺍”
O	火业头，四点米	“业头”即“业”、“四点”即“灬”
P	之字军盖建道底摘礻（示）衤（衣）	“军盖”即“冖”；“建道底”即“廴辶”
N	已半巳满不出己左框折尸心和羽	“左框”即“コ”
B	子耳了也框向上	“框向上”即“凵”
V	女刀九臼山朝西	“山朝西”即“彐”
C	又巴马，丢矢矣	“丢矢矣”即“厶”
X	慈母无心弓和匕幼无力	“母无心”即“口”“幼”去“力”为“幺”

轻松掌握五笔字根

我们已经知道，五笔字型将键盘分成了5个字根区：横区、竖区、撇区、捺区、折区，也就是我们所说的1区、2区、3区、4区、5区。而组成汉字的基本字根就分布在这些区位上。为了方便学习，我们也将这些字根分成5个区来学习。

第一区字根：包括G、F、D、S、A五个键

王一五戈 **11G**	助记词： 王旁青头兼五一 助记词解释： "王旁"即指字根，"王"和"青头"即指字根"丰"，"兼"即指字根"戈"。 字根组字实例： 班 天 伍 贱 静
土士干二十 寸雨屮 **12F**	助记词： 土士二干十寸雨 助记词解释： 助记词中汉字与字根一一对应。但是字根"屮"没有包含在助记词里面，请读者注意。 字根组字实例： 埋 仕 杆 夫 什
大犬古石三 丰镸罙厂ナ 厂ナ **13D**	助记词： 大犬三羊古石厂 助记词解释： "厂"包含"厂ナ厂ナ"这四个变形字根。 字根组字实例： 天 伏 估 岩 春
木丁西 **14S**	助记词： 木丁西 助记词解释： S键上助记词与字根一一对应。 字根组字实例： 休 仃 醋

| 工匚廿七卅
戈 弋廾^
七

15A⁻ | 助记词：
工戈草头右框七
助记词解释：
"戈"即指字根"戈弋"，"草头"即指"卅廾^"，"右框"即指"匚"，字根"廿"需另行单独记忆。
字根组字实例：
式区革东蒋 |

第二区字根：包括H、J、K、L、M五个键

目丨卜上且 卜 广止丨 广 止 **21H**	助记词： 目具上止卜虎皮 助记词解释： "具"指字根"且"，"虎皮"即指"广广"两个字根变形，其余字根助记词中的汉字都表示一个字根。 字根组字实例： 眉引叔占促
日早曰四刂 刂刂刂虫 **22J**	助记词： 日早两竖与虫依 助记词解释： "两竖"即指"刂刂刂"，"虫依"即指"虫"。其余助记词中汉字都代表一个字根，"与"字无意义。 字根组字实例： 照草临监刘
口川川 **23K**	助记词： 口与川，字根稀 助记词解释： "口与川"指"口川川"，"字根稀"无意义。 字根组字实例： 呀圳

田甲皿皿皿 口四车力 **24L**	助记词： 田甲方框四车力 助记词解释： "方框"指"口"，字根"口"与K键上的字根"口"不同，K键上的要小一些，而L键上的"口"要大一些，通常做外框用。 字根组字实例： 奋钾罗黑泗
山由贝门几 骨 **25M**	助记词： 山由贝　下框几 助记词解释： "下框"即指"门"，M键有一个字根没有包含在助记词中，需要另外记忆，它是"骨"，通常用来构成"骨"字。 字根组字实例： 岩笛则同风

第三区字根：包括T、R、E、W、Q五个键

禾丿禾夂攵 彳竹一竹 **31T**	助记词： 禾竹一撇双人立　反文条头共三一 助记词解释： "一撇"指"丿"，"双人立"指"彳"，"反文"指"攵"，"条头"指"夂"，"共三一"指区位号。 字根组字实例： 余必条放
白手扌斤扌 彡𠂉斤厂 **32R**	助记词： 白手看头三二斤 助记词解释： "看头"即指"𠂉"，"三二"即指区位号，其余助记词中汉字都代表一个字根。 字根组字实例： 的攀看新打

月日舟用彡 皿豕乃豕衣 比匕 **33E**	助记词： 月衫乃用家衣底 助记词解释： "衫"即指"彡"，"家衣底"即指"衣比豕"。 字根组字实例： 膨般佣衫爱
人亻八 癶 癸 **34W**	助记词： 人和八，三四里 助记词解释： "人和八"指"人亻八"，"三四里"指键位"34"。 字根组字实例： 拿供爸登祭
金钅儿勹 鱼夕勺乚乂 夕勹 **35Q**	助记词： 金勹缺点无尾鱼，犬旁留乂儿一点夕，氏无七 助记词解释： "勹缺点"即指"勹"，"无尾鱼"即指"鱼"，"犬旁"指"犭"，"乂"读 "抿"，"氏无七"指"乚"。 字根组字实例： 钓流见勹鱼

第四区字根：包括Y、U、I、O、P五个键

言讠文方广 亠古乀圭丶 **41Y**	助记词： 言文方广在四一　高头一捺谁人去 助记词解释： "在四一"即指这些字根在键盘的区位号，"高头"即指字根"古"，"谁人 去"即表示将"谁"字去掉"人"字，就剩下字根"讠"与字根"圭"。 字根组字实例： 信访吝仿庆

立六 辛 丷 立 丷 丬 疒 门 **42U**	助记词： 立辛两点六门病 助记词解释： "两点"指"丷冫"，"病"指"疒"。 字根组字实例： 站交辞头前
水 氵 氺 小 八 兴 兴 八 业 **43I**	助记词： 水旁兴头小倒立 助记词解释： "水旁"指"水氺氵"，"兴头"指"兴兴"，"小倒立"指"小小"。 字根组字实例： 冰江光京永
火米 灬 小 业 **44O**	助记词： 火业头，四点米 助记词解释： "业头"即指"业"，"四点米"即指"灬"。 字根组字实例： 煤粉热变严
之辶廴宀冖 礻 **45P**	助记词： 之字军盖建道底 摘示衣 助记词解释： "军盖"指"冖"，"建道底"即"辶廴"，"摘礻（示）衤（衣）"指"礻"。 字根组字实例： 进延定军社

第五区字根：包括N、B、V、C、X五个键

已己巳乙尸 尸コ小心羽 忄 **51N**	**助记词：** 已半巳满不出己　左框折尸心和羽 **助记词解释：** "已半巳满不出己"即指三个字根"已己巳"，"左框"即指"コ"，"折"指所有带转折的字根。 **字根组字实例：** 纪乞层声志
子了也耳阝 阝凵巳 巛　孑 **52B**	**助记词：** 子耳了也框向上 **助记词解释：** "框向上"即指"凵"，其余助记词中汉字都代表一个字根。记住字根"巛"没有包含在助记词中。 **字根组字实例：** 池仔辽卬
女刀九巛彐 臼 **53V**	**助记词：** 女刀九臼山朝西 **助记词解释：** "框向上"即指"凵"，其余助记词中汉字都代表一个字根。记住字根"巛"没有包含在助记词中。 **字根组字实例：** 切旭巢扫叟
又巴厶 マ ス 马 **54C**	**助记词：** 又巴马，丢矢矣 **助记词解释：** "丢矢矣"即指"厶"，其余助记词中汉字都代表一个字根。 **字根组字实例：** 汉吧坛劲令

丝 幺 匕 弓 纟	助记词:
匕 口	慈母无心弓和匕　幼无力
55X	助记词解释:
	"慈母无心"即指"口"，"幼无力"即指"幺"。注意字根"匕 幺 纟"没有包含在字根助记词中，需要另行记忆。
	字根组字实例:

纺幼引乡顷

汉字的拆分方法

要掌握好五笔字型输入法，不仅要牢记字根，还要能熟练将汉字拆分为字根，然后对其编码输入。因此汉字拆分也是五笔字型输入法的重要环节。要提高汉字输入速度，首先要能快速拆分汉字。

对于单结构的汉字，不再需要进行拆分；散结构的汉字之间有明显距离，拆分比较简单。但大部分汉字的结构复杂，组成汉字的字根之间具有相连、包含或嵌套的关系，没有很明显的界限，比较难以拆分。

书写顺序

按书写顺序拆分，是指按照从左到右、从上到下、从外到内的顺序进行拆分，拆分出的字根应为键面上有的基本字根，例如：

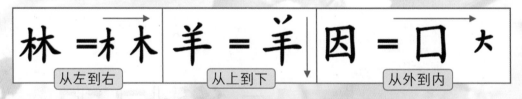

林 = 木 木　　羊 = 丷 羊　　因 = 囗 大
从左到右　　　　从上到下　　　　从外到内

取大优先

取大优先是指在拆分汉字时，要使拆分成的字根尽可能大，从而减少字根个数。有时一个汉字有几种拆分方法，但必须遵循取大优先的原则。下面举例说明"取大优先"原则。

汉字"则"的拆分方法有以下两种：

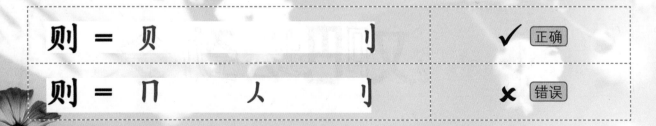

则 = 贝　　　丨　　　✓ 正确

则 = 冂 人　丨　　　✗ 错误

汉字"里"的拆分方法有以下三种：

里 = 日		土	✓ 正确
里 = 日	十	一	✗ 错误
里 = 日	二	丨	✗ 错误

能散不连

能散不连是指拆分汉字时能拆分成散结构的字根就不拆分成连接的字根。例如，汉字"羊"的拆分方法有以下两种：

羊 = ⸌⸍		手	✓ 正确
羊 = ⸌⸍	二	丨	✗ 错误

能连不交

能连不交是指能将汉字拆分成互相连接的字根就不拆分成互相交叉的字根。例如，汉字"于"的拆分方法有以下两种：

于 = 一	十	✓ 正确
于 = 二	丨	✗ 错误

拆分汉字时，不但要遵循以上原则，并且拆分出来的字根要有直观感觉，例如汉字"半"的拆分方法有以下两种：

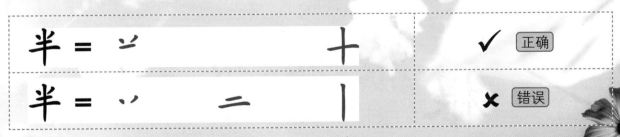

半 = ⸌⸍	十	✓ 正确
半 = ⸌⸍	二 丨	✗ 错误

总之，拆分汉字时应尽量符合上述拆分原则。一般说来，首先应当保证每次拆出最大的基本字根，在拆出字根数目相等的条件下，"散"比"连"优先，"连"比"交"优先。

在汉字拆分时，要保证拆分出来的部分是基本字根。如果汉字本身就是一个字根，就无须再进行拆分。对于多字根的汉字，必须严格遵循汉字的拆分规则。

2　使用五笔输入法输入汉字

熟悉五笔字根并掌握汉字的拆分方法后，就可以使用五笔输入法输入汉字了。五笔输入法根据汉字的编码对不同汉字的拆分与输入方法进行了明确定义。输入汉字时，不同类型的汉字也有着不同的拆分与输入方法。

刚好四码单字录入

如果一个汉字按照拆分规则刚好拆分成四个字根，那么此类汉字即属于刚好四码单字，录入时只需要按书写顺序依次敲入四个字根的编码即可将汉字录入。刚好四码单字取码规则如下表所示。

刚好四码单字取码规则

取码顺序	第一码	第二码	第三码	第四码
取码要素	第一字根	第二字根	第三字根	第四字根

刚好三码单字录入

当构成汉字的字根中只有三个字根时，必须在其后面加上一位识别码使其补足四码。刚好三码单字录入规则如下表所示。

刚好三码单字录入规则

取码顺序	第一码	第二码	第三码	第四码
取码要素	第一字根	第二字根	第三字根	识别码

刚好两码单字录入

对于拆分字根后只有两位编码的汉字，必须在其后面加上一个识别码再加空格键补足四码。刚好两码单字录入规则如下表所示。

刚好两码单字录入规则

取码顺序	第一码	第二码	第三码	第四码
取码规则	第一字根	第二字根	识别码	空格

超过四码单字录入

对于拆分字根后超过四位编码的汉字，依次取前三个汉字的第一个编码和最后一个汉字的第一个编码。超过四码单字录入规则如下表所示。

超过四码单字录入规则

取码顺序	第一码	第二码	第三码	第四码
取码规则	第一字根	第二字根	第三字根	末字根

3　使用五笔输入法输入词组

使用五笔输入法不但可以输入单个汉字，而且还可以更加方便地输入词组，从而大大提升输入速度。通过五笔输入法可以输入二字词组、三字词组、四字词组以及多字词组，而且全部只需要4次按键即可输入。

两字词组录入

两字词组的录入比较简单，只需要依顺序取出每个汉字的前两个字根构成四码即可。两字词组的取码规则如下表所示。

两字词组的取码规则

取码顺序	第一码	第二码	第三码	第四码
取码要素	取第一个字的第一个字根	取第一个字的第二个字根	取第二个字的第一个字根	取第二个字的第二个字根

第一码　第二码　第三码　第四码

飞　飞　机　机
N　U　S　M

飞机

三字词组的录入

三字词组的编码是分别取前两个字的第一字根和第三个字的前两个字根，组合成四码。三字词组的取码规则如下表所示。

三字词组的取码规则

取码顺序	第一码	第二码	第三码	第四码
取码要素	取第一个字的第一个字根	取第二个字的第一个字根	取第三个字的第一个字根	取第三个字的第二个字根

第一码　第二码　第三码　第四码

展　览　馆　馆
N　J　Q　N

展览馆

四字词组的录入

四字词组的编码是依次取每个字的第一个字根，组合成四码。四字词组的取码规则如下表所示。

四字词组的取码规则

取码顺序	第一码	第二码	第三码	第四码
取码要素	取第一个字的第一个字根	取第二个字的第一个字根	取第三个字的第一个字根	取第四个字的第一个字根

第一码　　　第二码　　　第三码　　　第四码

出其不意　 其 意

B　　A　　G　　U

多字词组的录入

多字词组的编码是分别取前三个字的第一字根和最后一个字的第一个字根，组合成四码。多字词组的取码规则如下表所示。

多字词组的取码规则

取码顺序	第一码	第二码	第三码	第四码
取码要素	取第一个字的第一个字根	取第二个字的第一个字根	取第三个字的第一个字根	取最后一个字的第一个字根

第一码　　　第二码　　　第三码　　　第四码

人民代表大会　

W　　N　　W　　W

任务目标 6　掌握更简单的语音输入

Windows 7为我们提供了一项更加简单的文字输入功能——语音输入，当我们需要输入各种信息时，只要对着电脑朗读信息内容就可以实现信息的输入。虽然目前语音输入不能完全替代键盘打字，但对于中老年朋友来说，掌握了语音输入的使用，日常使用电脑输入信息就会更加简单。

1　启用Windows 语音识别

当我们要使用语音输入功能时，首先需要在Windows 7中开启语音识别功能，开启方法如下：

STEP 01 打开控制面板窗口，找到并单击"语音识别"选项。

STEP 02 在打开的"语音识别"窗口中单击"启动语音识别"链接。

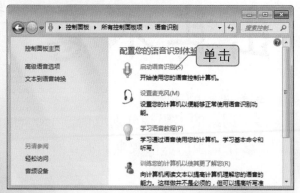

STEP 03 在打开的"设置语音识别"对话框中根据所使用话筒选择相应的选项，单击"下一步"按钮。

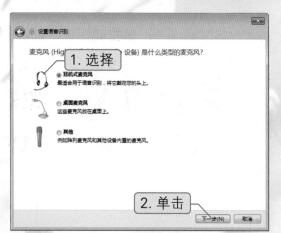

STEP 04 在接着打开的对话框中提示话筒的使用方法与需要注意的问题，阅读后直接单击"下一步"按钮。

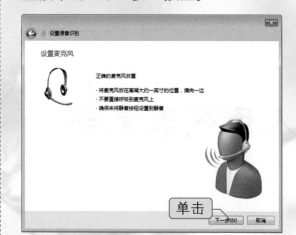

STEP 05 打开"调整麦克风的音量"对话框，对着话筒朗读对话框中的斜体加粗文字。

STEP 06 通过测试后，提示话筒可以正常使用，直接单击"下一步"按钮。

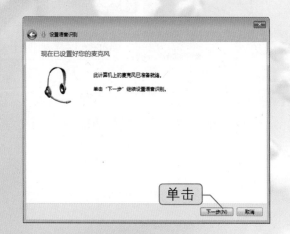

STEP 07 在接着打开的对话框中选择是否启用文档审阅，这里选择"启动文档审阅"选项，单击"下一步"按钮。

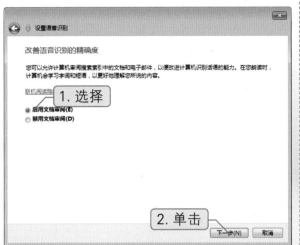

STEP 08 在接着打开的对话框中选择语音识别功能的激活方式，建议选择"使用语音激活模式"选项，单击"下一步"按钮。

STEP 09 接着打开的对话框中询问是否打印语音参考卡，根据需要选择之后，单击"下一步"按钮。

STEP 10 在接着打开的对话框中根据需要选择是否每次启动计算机后运行语音识别功能，单击"下一步"按钮。

2 | 学习语音教程

由于不同地区的人群有着不同的语音习惯，因此启用语音识别后，接下来还需要学习语音识别教程，从而让电脑记录用户的语音，以便以后能够提高识别准确率。学习语音教程的方法如下：

STEP 01 启用语音识别后，直接单击对话框中的"下一步"按钮，或者在"语音识别"窗口中单击"学习语音识别"链接，打开"语音识别教程"窗口，单击"下一步"按钮。

STEP 02 进入到"音频混音器"窗口，对着话筒朗读"开始聆听"后，再按照提示朗读"停止聆听"。如果朗读未能正确识别，则需要反复朗读直到识别为止。

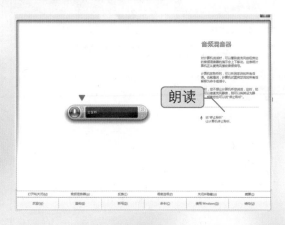

STEP 03 当朗读内容被正确识别后，可以看到语音识别器显示为"关闭"，此时继续单击"下一步"按钮。

小提示

语音识别教程后续还有很多训练内容，用于引导我们了解语音识别的使用方法并逐步使用各种语音识别功能，当完成一次训练后，我们基本就能够了解并掌握语音识别功能的使用方法了。

3 使用语音识别输入文本

完成语音识别教程并训练配置文件后，就可以使用Windows 7语音识别功能输入文本与控制命令了。使用语音识别之前，首先需要启动语音识别，接着就可以通过语音命令来输入文本或对电脑进行控制了。下面以在记事本程序中输入内容为例，语音识别的具体操作方法如下：

STEP 01 在"语音识别"窗口中单击"启动语音识别"链接，屏幕上方显示出语音识别工具条。

STEP 02 对着话筒朗读"开始聆听"，依次朗读"开始"、"记事本"，将打开开始菜单并自动搜索记事本。搜索到之后，再次朗读"记事本"，将打开记事本程序。

STEP 03 打开记事本程序后，开始朗读要输入的文字内容，需要输入标点符号时，直接朗读标点符号名称即可，需要换行时，则朗读"换行"。

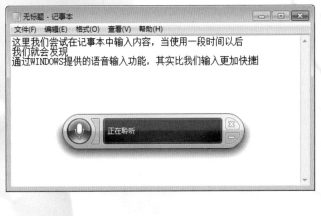

小提示

Windows语音识别集合了控制与输入两方面的功能，系统会自动判断当前状态来切换到合适的状态。不过目前语音识别输入功能在Office软件中还不是非常好用，对于使用Office软件的中老年朋友来说，还是使用键盘输入为好。

互动练习

1. 打开记事本程序并切换到系统自带的微软拼音输入法，练习在记事本中输入以下汉字，以达到了解中文输入法的目的。

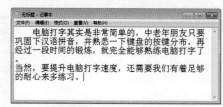

2. 通过网络下载搜狗拼音输入法的安装文件，并在电脑中安装搜狗拼音输入法，然后通过输入汉字对比搜狗拼音输入法与微软拼音输入法哪个更适合自己。

3. 为电脑配备话筒和音箱（耳机）后，开启Windows 7的语音识别功能，并通过语音输入在记事本窗口中输入自己需要的文字内容。

Chapter Six

第6章

管理电脑中的资源

任务播报

- ❖ 查看电脑中的文件
- ❖ 管理电脑中的文件
- ❖ 在电脑中安装与卸载程序
- ❖ 备份与还原Windows 7系统
- ❖ 备份与还原个人文件
- ❖ 备份IE浏览器收藏夹
- ❖ 备份QQ聊天记录
- ❖ 备份重要文件
- ❖ 启动与关闭电脑
- ❖ 连接常用的数码设备
- ❖ 把电脑接入到互联网

任务达标

电脑中的数据都是以文件形式保存的，文件的管理也是学习电脑必须掌握的重要技能。通过本章的学习，中老年朋友可以清楚地认识到电脑中的文件与文件夹，并根据需要对文件与文件夹进行各种方式的管理。

任务目标 1　查看电脑中的文件

启动电脑后，我们就可以方便地查看电脑中的所有文件了。不过我们首先需要了解电脑中的文件以及分类文件夹，而后通过"计算机"窗口来根据需要进行查看。

1　认识文件与文件夹

文件是电脑中最基本的信息存储单位，我们保存在电脑中的所有数据，包括文字资料、数据表格、音乐、视频、图片以及日常使用的各种软件，都是以文件形式存在的。当进入到Windows后，看到的一个个图标就都是文件。

不同类型的文件，存储的信息也不同，这通过文件的图标就可以非常直观地分辨出来。如下图所示为打开一个目录后，窗口中显示的各种常见文件。

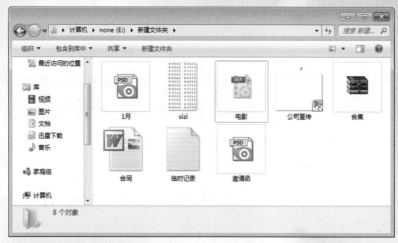

从图中可以看到，每个文件都有一个不同的图标，以及各自的名称。图标用于我们快速分辨文件的类型，而文件名则用于区分文件的用途，如看到一个名为"合同"的文件，就能够直观地了解到这是一份编排好的合同。

文件夹用于分类与整理文件，我们知道电脑中的文件是非常多的，为了便于对文件进行管理，就需要建立不同的文件夹，而后将不同用途的文件分类存储到各个文件夹中，这样不管是以后浏览文件还是查找文件，都会更加方便有效了。

文件夹也是以图标形式存在的，不过文件夹的图标与文件图标有着非常大的区别，当打开一个窗口后，我们能够很直观地区分出哪些是文件夹，哪些是文件。

在一个文件夹中，可以存放不同的文件或者文件夹。

2　浏览文件与文件夹

电脑中的文件都是在保存的硬盘中的，在Windows 7中，主要是通过"计算机"窗口来浏览各个磁盘中的文件与文件夹。当需要查看或对文件进行操作时，首先需要打开"计算机"窗口，然后进入到磁盘目录中。

查看磁盘信息

在一台电脑中，主要用于存储数据的设备称为"硬盘"，而硬盘在Windows中的体现，就是一个个磁盘分区，当打开"计算机"窗口后，就可以看到所有的磁盘分区了。

从上图中可以直观地看到，硬盘被分为6个磁盘分区，其中每个分区都有一个分区号，依次为C、D、E、F等。磁盘右侧显示磁盘的容量与当前可以使用的空间，磁盘的空间值越大，就表示磁盘中能够存储更多的文件。

在众多磁盘分区中，有一个磁盘分区图标上方标注有一个Windows徽标，这表示Windows 7操作系统是安装在该磁盘分区的，因此该分区也称为"系统分区"。

　　每一台电脑的磁盘分区数目，以及各个分区的容量都是不同的，这主要取决于硬盘的大小以及不同用户的存储习惯。

查看磁盘中的文件

打开"计算机"窗口后，就可以查看每个磁盘中存储的文件与文件夹了，下面来查看系统分区中Windows目录下的文件与文件夹，其具体操作方法如下：

STEP 01 在"计算机"窗口中用鼠标双击系统分区图标，这里为"D盘"。

STEP 02 进入到"D盘"窗口后，窗口中显示D盘根目录中的所有文件与文件夹，找到并双击"Windows"文件夹图标。

STEP 03 进入到"Windows"目录窗口后，窗口中即显示了"Windows"目录中的所有文件夹与文件。此时通过地址栏可以直观地看到当前的位置为"计算机\D盘\Windows"目录。

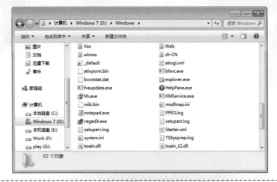

STEP 04 此时如果要进一步查看指定文件夹的文件与子文件夹，只要用鼠标双击文件夹图标，即可进入到文件夹窗口了。同样地址栏显示的地址会相应显示当前窗口所显示的位置。

小知识

　　有些磁盘或者文件夹中会包含数目非常庞大的文件与子文件夹，当打开这类窗口后，可以对文件夹的查看方式以及排列顺序进行调整，从而便于更加直观地浏览文件与文件夹。

任务目标 2 管理电脑中的文件

我们在使用电脑的过程中，将必不可少地用到各种各样的文件，以及创建自己的各类文件，随着电脑使用时间的延长，电脑中的文件也会越来越多，这时就需要了解并掌握电脑中文件的管理方法，将自己的文件管理得井井有条。

1 新建文件夹

文件夹的用处就是对文件进行分类管理，广大中老年朋友在开始使用电脑的过程中，可以创建分别用于存储不同用途文件的空白文件夹，这样以后就可以直接将文件存到其中了。新建空白文件夹的方法如下：

STEP 01 进入到要创建文件夹的磁盘窗口中，单击工具栏中的"新建文件夹"按钮。

STEP 02 此时即可新建一个空白文件夹，文件夹的名称处于可编辑状态。

STEP 03 切换到中文输入法，直接输入文件夹的新名称。

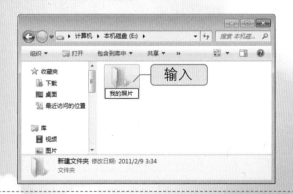

STEP 04 单击窗口任意位置，完成文件夹的创建。

2 选取文件与文件夹

在对电脑中的文件或者文件夹进行各种操作之前，我们首先需要在众多的文件与文件夹中选取要操作的对象，也就是告诉电脑接下来将要对哪些文件或文件夹进行操作。选取文件与文件夹的方法有以下几种：

选取单个文件或文件夹

在窗口中用鼠标单击某个文件或文件夹，即可将该文件或文件夹选中。

选取连续文件或文件夹

在窗口中按下鼠标左键拖动鼠标，拖动范围内的文件和文件夹即被全部选中。

选取不连续文件或文件夹

选择一个文件或文件夹后，按下【Ctrl】键，再单击其他文件，被单击的文件将被全部选中。

选取全部文件和文件夹

按下【Ctrl+A】组合键，可以选中当前窗口中的全部文件和文件夹。

3 重命名文件与文件夹

在管理文件与文件夹的过程中，经常需要对已有文件或文件夹的名称进行更改，尤其是文件内容或者文件夹中的文件发生改变后，同步更改文件或文件夹名称，能够让我们更加直观地通过名称来了解文件或文件夹中的大致内容。重命名文件或文件夹的方法如下：

STEP 01 用鼠标右键单击要更改名称的文件或文件夹，在弹出的快捷菜单中选择"重命名"命令。

STEP 02 此时文件或文件夹名称将变为可编辑状态，输入新的名称后，单击窗口任意位置。

4 复制文件与文件夹

复制文件或文件夹，就是为当前已有的文件或文件夹建立一个副本，多用于对文件或文件夹进行备份。这样即使当前文件或文件夹内容发生了改变，也可以通过副本来查看原来的内容。复制文件或文件夹的方法如下：

STEP 01 选中文件或文件夹后，在"组织"菜单中选择"复制"命令。

STEP 02 打开要将文件复制到的目标窗口，选择"组织"菜单中的"粘贴"命令。

STEP 03 此时即可将所选文件复制到目标位置，原来的文件并不会发生变化。

小知识

　　也可以通过快捷键来快速复制文件或文件夹，选中文件后按下"Ctrl+C"组合键复制，然后进入到目标窗口，按下"Ctrl+V"组合键粘贴。

5 移动文件与文件夹

　　移动文件或文件夹，就是将已有的文件或文件夹从当前位置移动到其他位置，多用于对文件进行整理。如从一个目录移动到另外一个目录，从一个磁盘移动到另外一个磁盘等，移动文件或文件夹的方法如下：

STEP 01 选中文件或文件夹后，在"组织"菜单中选择"剪切"命令。

STEP 02 打开要将文件移动到的目标窗口，选择"组织"菜单中的"粘贴"命令。

STEP 03 此时即可将所选文件移动到目标位置，原来的文件将自动消失。

STEP 04 如果复制或移动的文件比较大，那么在复制或移动过程中还会打开进度框显示文件的复制或移动进度。

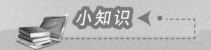

将文件从一个位置移动到另一个位置前，首先我们要确认目标位置中没有存在同名同类型的文件，否则原文件将会被移动后的文件所替换，一旦被替换后，就无法将丢失的原文件找回了。

6 删除文件与文件夹

长期使用电脑的过程中，会不断地创建很多文件，而其中有些文件在使用过后就不再需要用到了，这时就可以将这些文件从电脑中删除，从而腾出更多的空间来存放其他文件。删除文件或文件夹的方法如下：

STEP 01 选中要删除的文件或文件夹，在"组织"菜单中选择"删除"命令。

STEP 02 在弹出的提示框中单击"是"按钮，即可将文件删除到回收站。

STEP 03 打开"回收站"窗口，右键单击要删除的文件，选择"删除"命令。

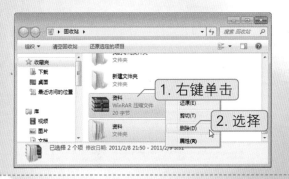

STEP 04 单击提示框中的"是"按钮，即可将文件从电脑中彻底删除。

任务目标

3 学会在电脑中安装与卸载程序

使用电脑其实就是使用电脑中的各种程序来实现相应的用途，如设计师使用电脑绘图、办公人员使用电脑编排文档表格、游戏爱好者使用电脑玩游戏，而广大中老年朋友则使用电脑上上网、听听歌、看看电影等。而对不同的使用需求，我们就需要在电脑中安装相应的软件。

1 安装Office办公软件

无论使用电脑办公还是家庭娱乐，我们都不可避免地要在电脑中编排各种资料或者使用电脑记录各种数据，这就需要安装专业的办公套件——Office。下面在电脑中安装最新的Office 2010，安装方法如下：

STEP 01 获取到Office安装文件后，进入到安装文件目录中，双击"setup"图标。

STEP 02 在打开的安装对话框中单击"自定义"按钮（如果单击"立即安装"按钮，则无须设置选项直接安装）。

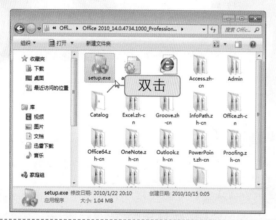

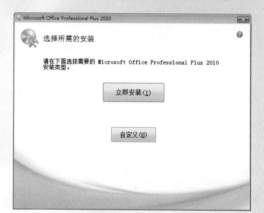

STEP 03 在"安装选项"选项卡中根据自己的需求来选择不需要安装的组件，普通用户建议保持默认设置即可。

STEP 04 切换到"文件位置"选项卡,单击"选择文件位置"区域中的"浏览"按钮。

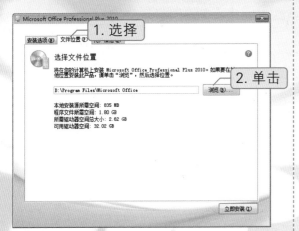

STEP 05 打开"浏览文件夹"对话框,在列表框中选择Office程序的安装位置,单击"确定"按钮。

STEP 06 切换到"用户信息"选项卡,在界面中输入用户的基本信息,单击"立即安装"按钮,开始安装Office。

STEP 07 开始安装并在对话框中显示安装进度,Office 2010需要较长的安装时间,用户需略作等待。

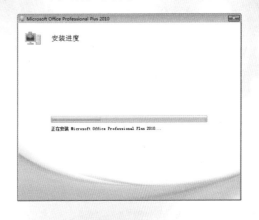

STEP 08 安装完毕后,单击对话框中的"关闭"按钮。如果使用安装光盘安装,那么此时即可将安装光盘从光驱中取出。

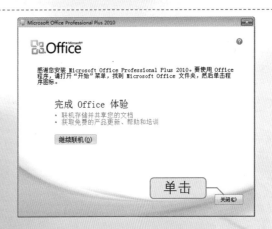

STEP 09 在电脑中成功安装Office 2010后，打开"开始"菜单并进入到"程序"列表中，展开"Microsoft Office"选项后，在其中即可选择并使用已经安装的Office组件了。

 小提示

在电脑中安装任何一款软件后，都会向"开始"菜单中添加程序选项，也就是说通过"开始"菜单，可以找到并启动所有电脑中已经安装的软件。

2　安装WinRAR压缩软件

WinRAR压缩软件是电脑的必备软件之一，主要用于对电脑中的文件进行压缩和解压缩。我们可以通过网络下载WinRAR的安装文件，然后在电脑中安装，安装方法如下：

STEP 01 打开WinRAR安装程序的保存目录，用鼠标双击安装文件图标，运行安装程序。

STEP 02 打开安装对话框，在"目标文件夹"框中设置WinRAR程序的安装位置，单击"安装"按钮，开始安装WinRAR。

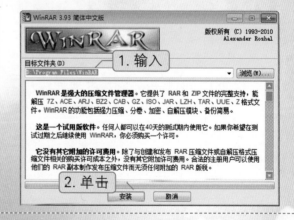

STEP 03　在接着打开的对话框中根据需要选择相应的选项，建议保持默认设置，单击"确定"按钮。

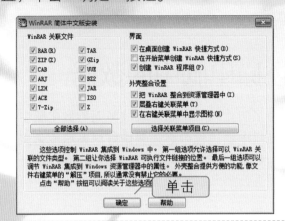

STEP 04　安装完毕后，在最后打开的对话框中单击"完成"按钮结束安装。

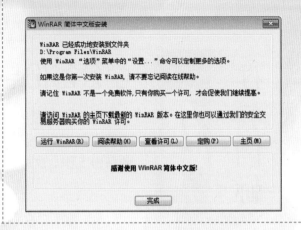

3 | 卸载无用的软件

在电脑中安装各种各样的软件后，如果某个软件不再需要用到，就可以将软件从电脑中卸载。这样不但能够腾出所占用的磁盘空间，而且还可以加快电脑的运行速度。卸载软件的方法如下：

STEP 01　打开"控制面板"窗口并切换到"大图标"显示方式，找到并单击"程序和功能"选项。

STEP 02　打开"程序和功能"窗口，在列表框中选中要卸载的程序，单击工具栏中的"卸载/更改"按钮。

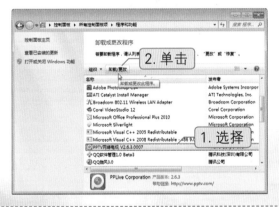

STEP 03　在弹出的提示框中单击"是"按钮，即可开始卸载所选的程序。

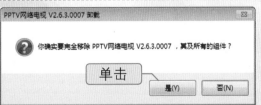

小知识

　　一些软件自带有卸载程序，当安装软件后，在"开始"菜单中进入到对应的软件菜单即可找到卸载程序，运行卸载程序就能够方便地卸载软件了。

任务目标 4 学会备份与还原电脑中的数据

在使用电脑的过程中，为了防止以后电脑出现故障而导致电脑中的重要文件丢失，我们在使用电脑过程中必须要做好对系统或者文件的备份工作。这样一旦丢失后，就可以通过备份来方便地恢复。

1 备份与还原Windows7 系统

　　Windows系统是电脑运行的平台，一旦系统出现问题，那么电脑将无法正常使用。Windows 7提供了完善的系统还原功能，我们可以定期对系统进行备份，当出现故障时就可以将系统还原到正常的工作状态。

创建系统还原点

　　当系统运行状态良好且无任何使用故障时，我们就可以创建系统还原点。创建之前首先需要开启Windows 7的系统还原功能，其方法如下：

STEP 01 用鼠标右键单击"计算机"图标，选择"属性"命令。

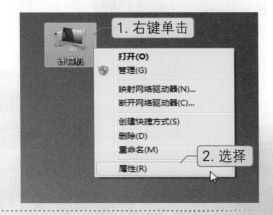

STEP 02 打开"系统"窗口，单击左侧窗格中的"系统保护"链接。

STEP 03 打开"系统属性"对话框并切换到"系统保护"选项卡，单击界面下方的"创建"按钮。

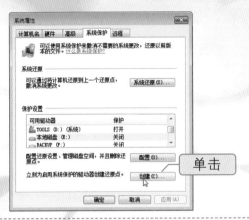

STEP 04 在打开的"系统保护"对话框中输入还原点的名称，单击"创建"按钮。

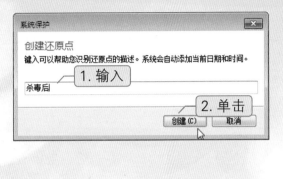

STEP 05 开始创建系统还原点，用户需略作等待。

STEP 06 创建完毕后，在打开的对话框中单击"关闭"按钮。

还原系统

创建系统还原点后，以后如果系统出现了问题，只要还能够登录到Windows 7，那么就可以非常方便地将系统还原到创建还原点时的状态。还原系统的方法如下：

STEP 01 打开"开始"菜单并进入到"所有程序"列表中，单击展开"系统工具"列表，单击列表中的"系统还原"命令。

STEP 02 打开"系统还原"对话框，单击"下一步"按钮。

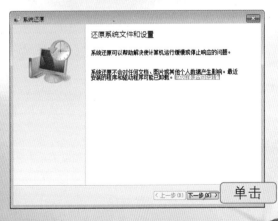

STEP 03 在接着打开的对话框中显示当前所有的系统还原点，从中选择要还原到的状态，单击"下一步"按钮。

STEP 04 在接着打开的对话框中确认还原点后，单击"完成"按钮。接下来即开始对系统进行还原，用户无须进行任何操作只需耐心等待还原完成即可。

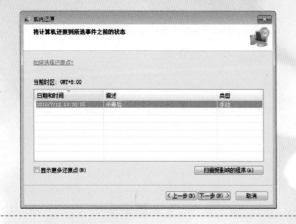

2 备份与还原个人文件

Windows 7提供了文件备份与还原功能，中老年朋友可以将电脑中的个人文件与设置进行备份，当以后需要时就可以方便地恢复了。

备份个人文件

在使用Windows 7的过程中，我们随时对个人文件与设置进行备份，或者创建备份计划，让系统定期自动备份。方法如下：

STEP 01 打开控制面板窗口并切换到"大图标"视图，单击"备份和还原"文字链接选项。

STEP 02 打开"备份和还原文件"窗口，单击"设置备份"选项。

STEP 03 开始启动Windows备份，用户略作等待。

STEP 04 打开"设置备份"对话框，在"保存备份的位置"列表框中选择备份文件的保存位置，单击"下一步"按钮。

STEP 05 打开"您希望备份哪些内容"对话框，在对话框中选择"让我选择"单选按钮，单击"下一步"按钮。

STEP 06 在打开的对话框中手动选择要备份的内容，通常使用该功能备份系统设置与个人文件，单击"下一步"按钮。

STEP 07 打开"查看备份设置"界面，其中显示备份摘要信息，单击"计划"区域中的"更改计划"文字链接选项。

STEP 08 打开"您希望多久备份一次"界面，在其中设置自动备份的频率后，单击"确定"按钮。

STEP 09 返回"查看备份设置"界面后，单击"保存设置并退出"按钮，开始保存备份设置。

STEP 10 返回到"备份和还原文件"窗口，并开始对系统设置与文件进行备份，同时显示备份进度。

STEP 11 备份完成后，窗口下方显示当前备份时间与下一次自动备份时间，以后也可以单击"立即备份"按钮，手动开始新的备份。

还原个人文件

对个人文件与设置进行备份后，以后一旦出现设置故障或文件丢失，那么就可以通过备份内容来快速恢复了，其具体操作方法如下。

STEP 01　在控制面板窗口中单击"备份和还原"选项，打开"备份和还原文件"窗口，单击"还原我的文件"按钮。

STEP 02　打开"还原文件"对话框，单击"浏览文件夹"按钮。

STEP 03　在打开的"浏览文件夹或驱动器的备份"对话框中选择之前的备份文件夹，单击"添加文件夹"按钮。

STEP 04　此时对话框中即显示要用来还原的备份目录，确认后单击"下一步"按钮。

STEP 05 在打开的"您想在何处还原文件"界面中选择"在原始位置"单选按钮，单击"还原"按钮。

STEP 06 开始从备份目录中还原文件与设置，耐心等待即可。

STEP 07 还原完毕后，在打开的"已还原文件"界面中告知用户还原完成。

STEP 08 如果要查看还原的文件，则在对话框中单击"查看还原的文件"文字链接选项，将打开窗口显示所有还原的文件与文件夹。

3 创建系统映像

Windows 7中提供的"创建系统映像"功能，能够将操作系统或指定磁盘创建为映像文件，以后无论系统损坏还是磁盘分区文件丢失，都可以通过映像文件来完整地恢复与还原。创建系统映像的具体操作方法如下：

STEP 01 进入到"备份和还原"窗口,单击左侧窗格中的"创建系统映像"选项。

STEP 02 打开"创建系统映像"对话框,在对话框中选择映像保存位置,单击"下一步"按钮。

STEP 03 打开"您要在备份中包括哪些驱动器"界面,默认已经选择系统所在磁盘,根据需要选择其他磁盘,单击"下一步"按钮。

STEP 04 在打开的对话框中确认要创建镜像的磁盘分区,单击"开始备份"按钮。

STEP 05 开始对磁盘进行备份以及创建磁盘映像,此过程将根据备份磁盘容量大小而需要一定时间,用户需耐心等待。

STEP 06 备份完毕后，弹出"创建系统映像"对话框询问是否创建修复光盘，这里单击"否"按钮；单击备份对话框中的"关闭"按钮。

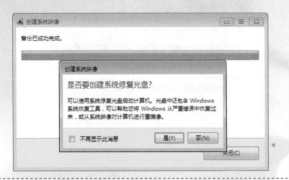

STEP 07 备份完成后，进入到备份位置，即可看到名为WindowsImageBackup的目录，该目录即为创建好的映像目录。

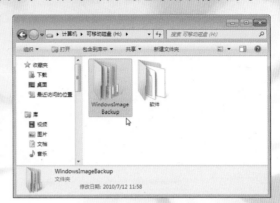

创建磁盘映像文件或映像光盘后，以后一旦系统出现故障，或者磁盘文件丢失与损坏，就可以通过映像文件来恢复磁盘数据了。恢复时，先开启电脑并按下"F8"键，在界面中选择"修复计算机"选项，进入到修复界面，在"系统修复选项"对话框中选择"系统映像恢复"选项，然后按照提示选择映像文件并进行恢复即可。

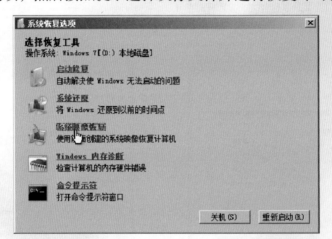

4 备份IE浏览器收藏夹

经常上网的中老年朋友，在访问众多网站时都会把自己感兴趣的网站在IE浏览器中收藏起来，便于以后访问。但是一旦系统损坏或者重装系统后，辛辛苦苦收藏的网站就会全部丢失。因此对于收藏了大量网站的中老年朋友来说，最好将IE浏览器收藏夹中收藏的网址备份起来，当以后重装系统后，还可以将备份的收藏夹还原到IE浏览器中。

备份收藏夹

由于我们在上网过程中会不断向IE收藏夹中添加网址收藏，因此对收藏夹的备份也需要定期来进行。备份方法如下：

STEP 01 打开IE浏览器，按下F10键显示出菜单栏，在"文件"菜单中选择"导入和导出"命令。

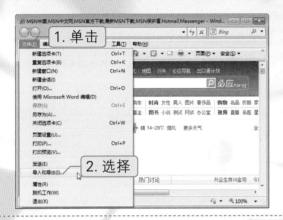

STEP 02 打开"导入/导出设置"对话框，选择"导出到文件"选项，单击"下一步"按钮。

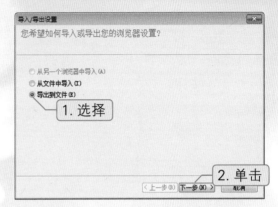

STEP 03 在打开的对话框中选择"收藏夹"选项，单击"下一步"按钮。

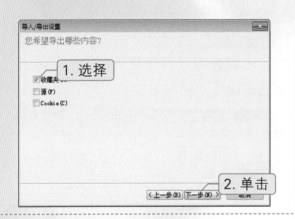

STEP 04 在接着打开的对话框中选择要导入的收藏夹项目，如果要全部备份则选择"收藏夹"，单击"下一步"按钮。

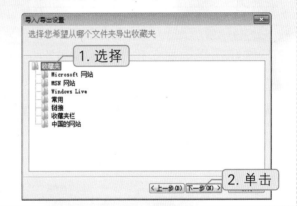

STEP 05 单击"浏览"按钮选择收藏夹备份文件的保存位置，单击"导出"按钮。

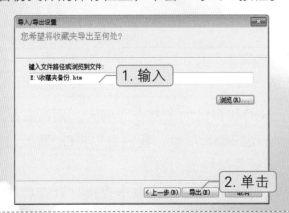

STEP 06 开始将收藏夹导入到指定位置进行备份，导出完成后，单击"完成"按钮。

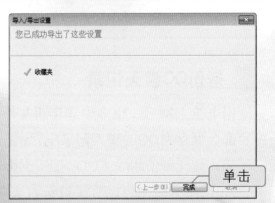

还原收藏夹

将IE收藏夹备份后，我们可以在重装系统后将备份的收藏网址导入到IE浏览器中，或者将收藏网址导入到其他电脑的IE浏览器中。导入收藏夹的方法如下：

STEP 01 打开"导入/导出设置"对话框，选择"从文件中导入"选项，单击"下一步"按钮。

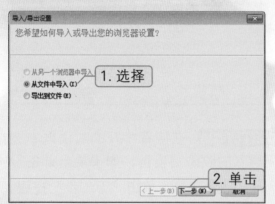

STEP 02 在打开的对话框中选择"收藏夹"选项，单击"下一步"按钮。

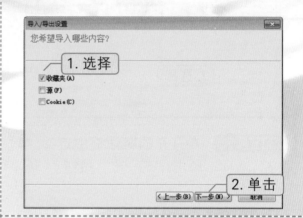

STEP 03 在打开的对话框中单击"浏览"按钮选择前面备份的收藏夹文件，单击"下一步"按钮。

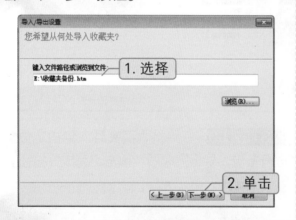

STEP 04 在对话框中选择导入收藏网址在收藏夹中的保存目录，单击"导入"按钮开始导入。

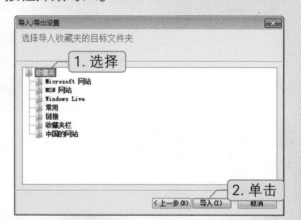

5 备份QQ聊天记录

使用电脑上网后，很多中老年朋友都会使用QQ和自己的亲友在线聊天。而所有的聊天内容都会保存在QQ的聊天记录中，包括一些有用的聊天信息。我们可以将QQ聊天记录备份起来，这样即使删除了QQ，还是能够查看到所有的聊天内容。

QQ中的聊天记录可以直接备份为文本文档，也就是能够用记事本直接打开查看聊天内容。其备份方法如下：

STEP 01　单击QQ面板下方的"消息"按钮。

STEP 02　打开"消息管理器"窗口，单击"导入和导出"按钮，选择"导出消息记录"命令。

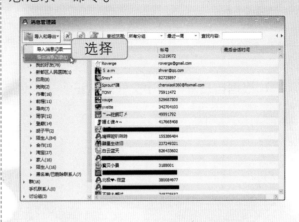

STEP 03　在打开的"另存为"对话框中设置QQ聊天记录文件的保存位置与保存名称，并将保存类型设置为"文本文件"，单击"保存"按钮。

STEP 04　保存完毕后，以后如果要查看聊天记录，只要进入到文件的保存目录后，双击文本文件图标，在打开的文档中即可逐个查看了。

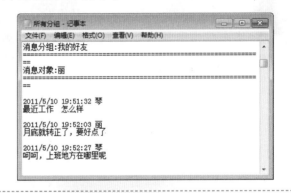

6　备份重要文件

　　对于绝大多数用户来说，电脑中最重要的数据，其实是我们使用各种软件所创建的文件，如编排的文档、复制的照片等。这些个人文件的备份方法很简单，只要通过复制或者移动文件的方法，将文件移动到其他磁盘或者可移动的存储设备中就可以了。

　　中老年朋友在使用不同的软件创建各种文件后，在保存文件时通常不会选择文件的保存位置，而是采用软件默认提供的位置来保存。绝大多数程序默认的文件保存位置通常在系统提供的用户文档中，当需要备份其中的个人文件时，只要在"开始"菜单中选择"文档"选项，打开"文档"窗口，并从其中选择复制或移动文件到其他位置就可以了。

互动练习

1. 根据自己对电脑中文件的认识，来说说下面的文件图标分别是指什么类型的文件。

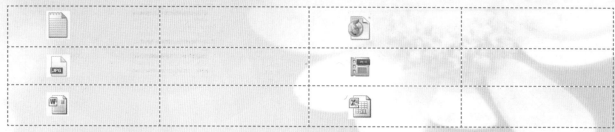

2. 在电脑中任意一个磁盘分区中新建一个"我的资料"文件夹，然后将电脑中零散保存的各种个人文件全部移动到这个文件夹中。

3. 在每个磁盘中检索不再需要用到的文件，并将找到的文件逐个删除，然后打开"回收站"窗口，将回收站彻底清空。

4. 在安装一些软件时，会捆绑安装我们并不会用到的各种小软件，这时可打开"程序和功能"窗口，将这些不会用到的软件从电脑中卸载。

5. 将电脑中重要的个人文件分类整理，然后复制到U盘或者其他可移动存储设备中，防止电脑损坏后个人重要文件的丢失。

Chapter
Seven

第7章

轻松使用互联网

■ 任务播报

❖ 认识Internet Explorer 8浏览器

❖ 开始浏览网页

❖ 在浏览器中同时打开多个网页

❖ 保存网页中的内容

❖ 收藏感兴趣的网页

❖ 设置好自己的浏览器

■ 任务达标

　　将电脑连接到互联网后,我们可以获取无穷无尽的各种信息。通过对本章的学习,中老年朋友可以掌握使用IE浏览器浏览网页的方法,以及如何保存网页中的内容。同时还能够了解如何根据自己的习惯来对IE浏览器进行各种设置。

任务目标 **1**

认识Internet Explorer 8浏览器

Windows 7中自带了非常好用的Internet Explorer浏览器，简称"IE浏览器"。将电脑联网后，我们就可以使用IE浏览器来访问互联网中的各种网站，以及浏览自己所关注的各种信息了。

1 | 启动IE浏览器

登录到Windows 7后，我们可以通过以下任意一种方法来启动IE浏览器。

通过开始菜单	通过任务栏按钮
单击"开始"按钮打开"开始"菜单，单击上方的"Internet Explorer"选项。	单击任务栏左侧的"Internet Explorer"图标。

2 | IE浏览器的界面

启动IE浏览器后，屏幕中就会打开IE浏览器窗口，如下图所示。

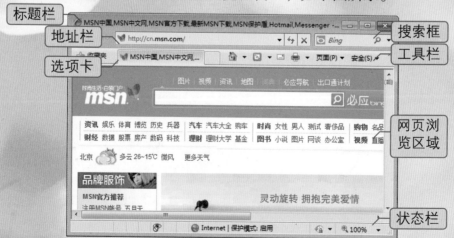

标题栏

标题栏中显示当前浏览网页的标题内容，当打开多个选项卡浏览时，标题栏会根据选项卡的切换而显示对应的网页标题内容。

地址栏

用于输入网页地址以打开指定网页。当打开网页后，地址栏中同样显示当前网页的地址。对于之前浏览过的网站，还可以快速直接选择网址。

搜索框

用于搜索包含指定信息的网页，在搜索框中输入关键词后，按下回车键，即可在当前选项卡中显示搜索结果。

选项卡

IE浏览器窗口中，可以建立多个选项卡以同时浏览网页，单击选项卡标签可切换到对应的选项卡以浏览不同网页。

工具栏

工具栏中显示了一些在浏览网页过程中需要经常用到的工具按钮，单击某个按钮，即可实现对应的功能或打开相应的功能菜单。

网页浏览区域

当通过网址打开网站后，网页浏览区域中就会显示网页内容，我们可以在其中浏览网页中的信息，或者对网页进行其他操作。

状态栏

　　在打开网页的过程中，状态栏会显示网页的打开进度，打开网页后，还可以对网页进行缩放显示。

任务目标 2 学会浏览网页

　　了解了IE浏览器的启动方法，并认识了全新的IE8浏览器后，我们就可以使用IE浏览器来浏览精彩的网页内容了。下面介绍常用的网站浏览方法。

1 通过网址打开网站

　　在互联网中，每一个网站或网页都有一个唯一的地址，称为"网址"。当我们要浏览某个网站的内容时，首先需要知道这个网站的网址，然后通过网址来打开网站。以打开搜狐网"www.sohu.com"为例，在浏览器中打开网页的方法如下：

STEP 01 打开Internet Explorer 浏览器，将光标移动到地址栏中，输入搜狐网的网址"www.sohu.com"。

STEP 02 按下【Enter】键，即可在浏览器中打开搜狐网站，同时在状态栏中显示载入进度。

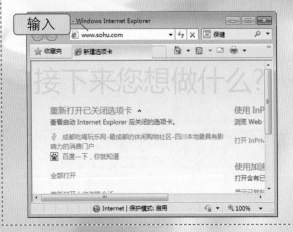

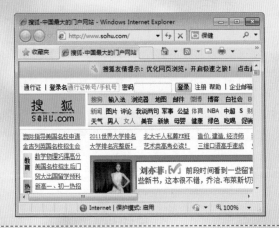

2 快速打开之前浏览过的网站

　　在使用电脑上网的过程中，我们会经常访问到一些网站，如果将要访问的网站之前曾经浏览过，那么再次浏览时，就不用输入完整的网址了。只要输入网址的部分内容，

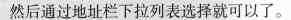

然后通过地址栏下拉列表选择就可以了。

同样以打开曾经浏览过的搜狐网为例，只要在地址栏中输入第一个字母"s"，地址栏下拉列表中就会显示出网址，通过方向键或鼠标直接选择即可打开网站。

 **小知识**

网址的格式一般为"www. 网站名称.com"或"www.网站名称.cn"，输入网址时，可直接输入网站名称，然后按下【Ctrl＋Enter】组合键，浏览器会自动补充完整。

3 打开链接网页

一个庞大的网站，是有很多很多的网页逐级链接而成的，我们在浏览网页的过程中，当需要查看某方面的信息时，也需要逐级打开链接的网页并查看最终的内容。以在搜狐网看新闻为例，打开链接网页的方法如下：

STEP 01 在浏览器中打开搜狐网后，将指针指向"新闻"链接，当形状变为手状时，单击鼠标。

STEP 02 将在新窗口中打开"搜狐新闻"页面，在页面的导航栏中单击选择感兴趣的新闻类型，如"社会"。

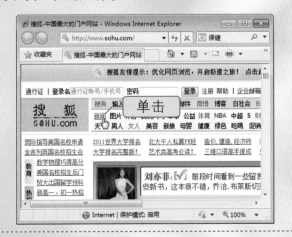

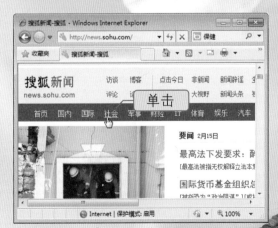

STEP 03 进入到"社会新闻"页面后，在页面中单击感兴趣的新闻标题。

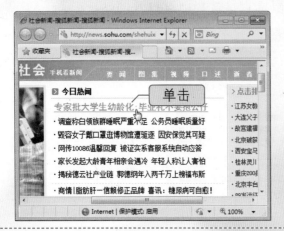

STEP 04 在接着打开的页面中即显示了新闻的详细内容。

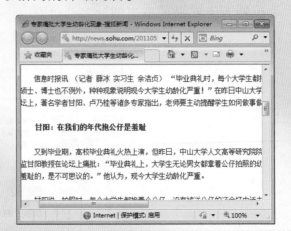

4 在新窗口中打开页面

在新窗口中打开页面，就是保留当前窗口页面的同时，再打开一个浏览器窗口并在其中显示链接的页面。如我们浏览网页过程中打开一个感兴趣的网页，当需要在保留这个网页的同时，再打开其他链接的网页，就可以在新窗口中打开，方法如下：

STEP 01 用鼠标右键单击链接内容，在弹出的快捷菜单中选择"在新窗口中打开"命令。

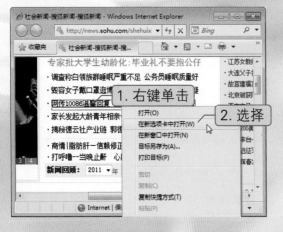

STEP 02 此时即可在新的浏览器窗口中打开链接页面，并且原窗口并不会受到影响，这样就可以同时查看两个窗口的内容了。

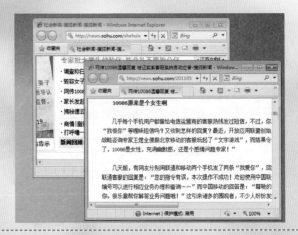

学会在浏览器中同时打开多个网页

在浏览网页的过程中，很多朋友都会同时打开多个浏览器窗口，在每个窗口中打开不同的网页。这样不但不便于切换与查看，而且太多的窗口容易混淆。而在全新的IE8中，我们可以在一个浏览器窗口中同时打开多个网页，更加方便地浏览不同的网页内容。

1　在新选项卡中打开新网页

启动IE浏览器后，会自动建立一个选项卡，我们输入网址后也是在默认的选项卡中打开网页的。当打开一个网页后，如果希望继续同时打开多个网页，就可以建立新的选项卡，并分别打开不同的网页，方法如下：

STEP 01 单击选项卡标签右侧的"新选项卡"按钮，新建一个空白选项卡。

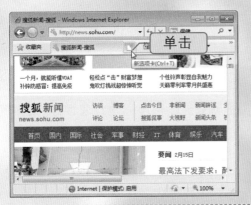

STEP 02 新建选项卡后，在地址栏中输入要打开的网址，按下回车键。

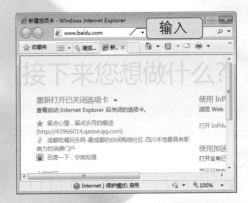

STEP 03 此时即可在新选项卡中打开对应的网站，也就是在两个选项卡中分别打开不同的站点。

STEP 04 分别在不同选项卡中打开网站后，如果要切换浏览，只要单击对应的选项卡标签即可。

2 **在新选项卡中打开链接网页**

当打开一个网站后，网站页面中有很多的链接内容，这时我们也可以保持当前页面不变的情况下，在新选项卡中打开链接页面，操作方法如下：

STEP 01 用鼠标右键单击网页中的链接内容，在弹出的快捷菜单中选择"在新选项卡中打开"命令。

STEP 02 此时将新建一个选项卡并在该选项卡中打开链接页面。

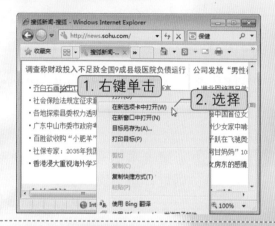
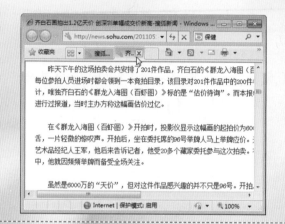

小知识

如果打开的选项卡太多，那么选项卡的标题名称就会显示得不完整，或者有些选项卡将不会显示出来，这时只要将浏览器窗口最大化显示就可以尽可能多地显示出选项卡了。

3 **排列选项卡**

在一个IE浏览器窗口中建立了多个选项卡，并在各个选项卡中打开不同的网页后，在浏览过程中还可以对选项卡的排列顺序进行调整，或者通过缩略图来排列选项卡，从而使网页浏览更加方便。

调整排列次序

将指针指向选项卡标签上，按下鼠标左键拖动选项卡标签到其他选项卡之前或之后，即可调整选项卡的排列次序。

缩略图显示

单击选项卡标签最右侧的"快速导航选项卡"按钮，即可将当前所有选项卡以缩略图方式显示，单击缩略图即可切换到对应选项卡。

4 关闭选项卡

在浏览器中建立选项卡并打开网页后，当网页内容浏览完毕后，就可以将选项卡关闭并继续浏览其他选项卡中的网页，关闭选项卡的方法有以下几种：

<table>
<tr><td>

关闭当前选项卡

单击选项卡标签右侧的"关闭"按钮，即可将当前选项卡关闭。关闭选项卡后，其中打开的网页也会随之关闭。

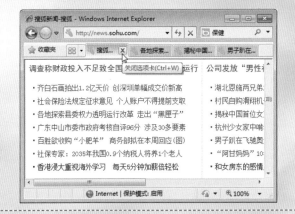

</td><td>

关闭其他选项卡

用鼠标右键单击选项卡标签，在弹出的菜单中选择"关闭其他选项卡"命令，即可将当前选项卡之外的其他选项卡全部关闭。

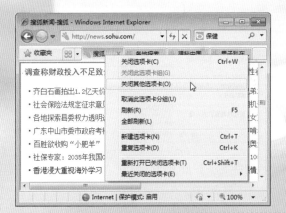

</td></tr>
</table>

打开多个选项卡后，如果要关闭所有选项卡，那么只要直接关闭浏览器窗口即可。

学会保存网页中的内容

在浏览网页的过程中，我们会找到各种对自己有用的信息，但是一旦关闭网页后，就无法看到这些信息了，而中老年朋友不可能把找到的信息都记住。这时该怎么办呢？我们只要将网页中的内容保存到自己电脑中就可以了，这样以后随时都能够查看这些信息。

1 保存网页中的文本内容

当打开对自己有用的网页并阅读其中的文本后，如果需要将网页中部分对自己有用的文本保存到电脑中，还需要借助一些文本编辑工具，如记事本、写字板等，方法如下：

STEP 01 在网页中拖动鼠标选择要保存的文本内容后，单击鼠标右键，在菜单中选择"复制"命令。

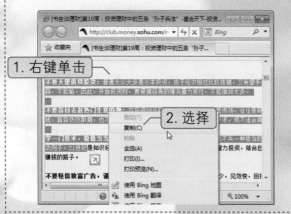

STEP 02 打开"记事本"程序，在窗口空白处单击鼠标右键，在弹出的快捷菜单中选择"粘贴"命令。

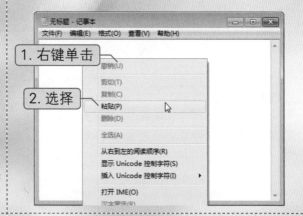

STEP 03 此时即可将网页中的文本复制到记事本中。

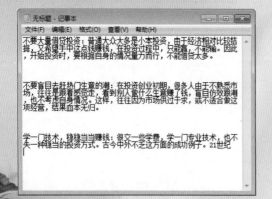

STEP 04 在记事本窗口的"文件"菜单中选择"保存"命令。

STEP 05 打开"另存为"对话框,设置保存名称与保存位置后,单击"保存"按钮。

STEP 06 将文本内容保存到文件后,以后需要查看文本时,只要打开文本文档即可。

2 | 保存网页中的图片

网络中有很多精彩图片,当我们在浏览网页过程中看到了自己喜欢的图片时,也可以直接将图片保存到电脑中,方法如下:

STEP 01 用鼠标右键单击图片,在快捷菜单中选择"图片另存为"命令。

STEP 02 在打开的"保存图片"对话框中设置保存名称与位置,单击"保存"按钮。

STEP 03 进入到图片保存目录,双击图片文件。

STEP 04 即可打开并查看完整的图片。

3 保存整个网页

如果我们对网页中的所有内容都比较感兴趣，那么可以将整个网页保存到电脑中，这样以后可以随时通过IE浏览器来打开保存的网页。保存方法如下：

STEP 01 在浏览器中打开要保存的网页后，按下F10键显示出菜单栏，在"文件"菜单中选择"另存为"命令。

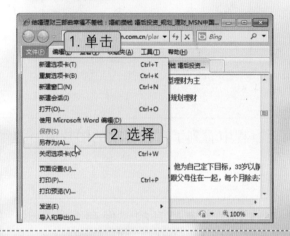

STEP 02 打开"保存网页"对话框，输入网页的保存名称，并将保存类型设置为"网页，全部"，单击"保存"按钮。

STEP 03 开始将网页以文件形式保存到电脑中，并弹出对话框显示网页的保存进度。

STEP 04 保存完毕后，打开网页的保存目录，即可看到保存的网页和同名文件夹，文件夹中保存了网页中的所有图形对象。

小提示

保存网页时，注意不要保存一些大型网站的首页，一是因为这些网站首页通常只是包含各种分类标题，无实质性内容；二是因为大型网站的首页都比较大，保存起来需要较长时间。

学会收藏感兴趣的网页

网络中包含了数以万计的网站，每个网站又有着非常多的链接页面，我们不可能将所有浏览过的网址全部记住。在浏览网页的过程中，当遇到自己感兴趣的网站或网页时，就可以将网站收藏起来，这样以后访问时就无须再通过输入网址的方法来打开网站了。

1 将网址添加到收藏夹

在浏览器中打开网站或网页后，如果觉得自己以后还需要再次打开这个站点，那么就可以将网站添加到浏览器收藏夹中，添加方法如下：

STEP 01 在浏览器中打开要收藏的网页后，单击"收藏夹"按钮，在打开的窗格中单击"添加到收藏夹"按钮。

STEP 02 打开"添加收藏"对话框，在"名称"文本框中输入网页的收藏名称，单击"添加"按钮。

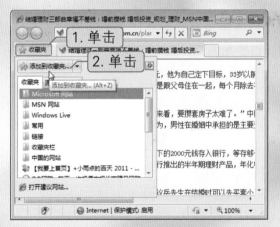

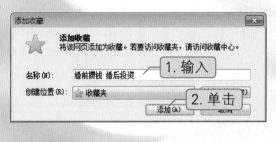

按下"Ctrl+D"组合键，可快速将当前打开的网页收藏起来。

2 打开收藏的网页

将网页添加到浏览器收藏夹后，以后如果要再次打开该网页时，只要通过收藏夹来选择就可以了，操作方法如下：

STEP 01 单击"收藏夹"按钮，打开收藏夹窗格，在列表中通过名称来选择要打开的收藏网页。

STEP 02 稍后即可在当前选项卡中打开所收藏的网页。

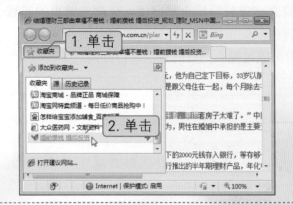

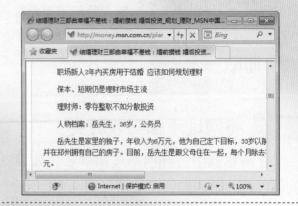

任务目标 6 设置好自己的浏览器

在使用IE浏览器浏览网页的过程中，我们可以结合自己的浏览与使用习惯，来对IE浏览器进行各种设置，从而让浏览器更加符合自己的使用习惯，也使浏览网页更加方便。

1 设置浏览器默认主页

浏览器的默认主页是指启动IE浏览器之后默认打开的页面，我们可以将自己经常访问的网站设置为默认主页，从而便于以后更加方便地浏览该网页，设置方法如下：

STEP 01 单击菜单栏中的"工具"菜单项，选择"Internet选项"命令。

STEP 02 打开"Internet选项"对话框，在"主页"文本框中选择要设置为主页的网址，单击"确定"按钮。

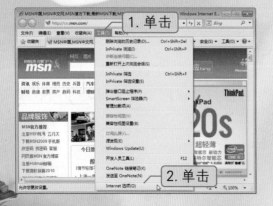

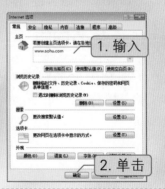

也可以在浏览器中打开要设置为主页的网页，然后打开"Internet选项"对话框，单击"使用当前页"按钮，即可将当前打开的网页设置为浏览器主页。

2 删除浏览器历史记录

使用IE浏览器浏览网页后，浏览器会自动记忆网站的地址并预存网页临时文件，这样以后我们需要打开网页时，直接选择地址就可以了，而且网页的打开速度也会加快。不过IE浏览器的历史记录也会泄露我们的浏览历史，让别人很容易地知道我们曾经浏览过哪些网页。所以如果需要的话，可以定期清除浏览器的历史记录，方法如下：

STEP 01 打开"Internet选项"对话框，在"常规"选项卡中单击"浏览历史记录"区域中的"删除"按钮。

STEP 02 打开"删除浏览的历史记录"对话框，在对话框中选择要删除的对象后，单击"删除"按钮即可。

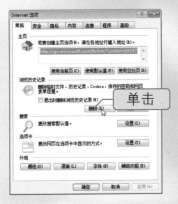

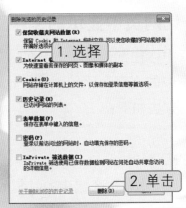

3 阻止网站弹出的广告窗口

浏览一些网站时，往往在打开网站后会同时弹出一个小窗口显示各种烦人的广告信息。如果我们不需要看这些广告，那么就可以使用IE浏览器将这些广告小窗口屏蔽，方法如下：

STEP 01 单击"工具"按钮，在菜单中选择"弹出窗口阻止程序\弹出窗口阻止程序设置"命令。

STEP 02 打开"弹出窗口阻止程序设置"对话框，在下方选择阻止级别后，单击"关闭"按钮即可。

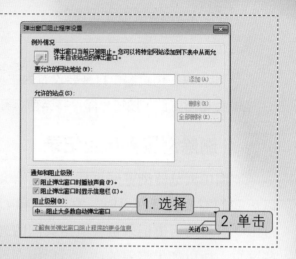

小提示

设置阻止弹出窗口后，所有网站的弹出窗口都将被阻止，如果我们希望允许有些网站的弹出窗口，只要在"例外情况"中输入网址后，单击"添加"按钮即可。

4 让网页中显示的文字更大一些

网页中往往都包含了大量的文字信息，对于一些视力不是很好的中老年朋友来说，阅读网页中的文字会比较困难，这时我们就可以让网页中的文字显示得更大一些从而便于阅读，方法如下：

STEP 01 打开"Internet选项"对话框，单击"外观"区域中的"辅助功能"按钮。

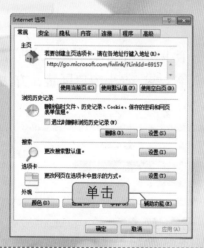

STEP 02 打开"辅助功能"对话框，选中"忽略网页上指定的字号"选项，单击"确定"按钮。

STEP 03 在"查看"菜单中指向"文字大小"命令，在子菜单中选择"较大"命令。

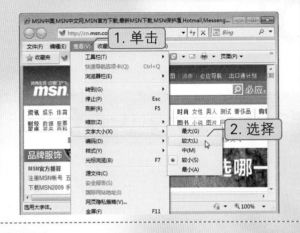

STEP 04 此时浏览器打开网页中文本的显示将相应变大，阅读起来就更加容易了。

互动练习

1. 使用浏览器打开新浪网（www.sina.com.cn），并进入到体育频道页面中，浏览自己感兴趣的体育新闻。

2. 将当前正在浏览的网页保存起来，并打开保存的网页文件再次查看。

Chapter Eight

第8章

搜索与下载网络资源

任务播报

- ❖ 使用百度搜索有用的信息
- ❖ 一些对生活有用的特色搜索
- ❖ 下载网络资源

任务达标

通过对本章的学习，中老年朋友可以了解并掌握使用百度搜索各种信息的方法，以及从网络中下载各种资源的方法。网络信息的搜索与资源下载，对于上网用户是非常重要的，也是经常要涉及的操作，中老年朋友可以有侧重地掌握一下。

使用百度搜索有用的信息

网络中包含了各种各样的信息，我们要想很快从中找到自己需要的信息是非常困难的，那么该怎么办呢？其实网络中有很多专门的搜索网站，如百度、谷歌等，通过这些网站就可以快速找到需要的各种信息了。

1 ｜ 搜索保健知识

网络中有很多实用的保健知识，中老年朋友在上网之余，可以不定期搜索并学习一些有用的保健常识。用百度搜索保健知识的方法如下：

STEP 01　在地址栏中输入百度的网址"www.baidu.com"，打开百度站点，输入"老年保健"后单击"百度一下"按钮。

STEP 02　进入到搜索页面后，页面中列出了与"老年保健"相关的所有信息，单击感兴趣的标题链接。

STEP 03　进入到相应的信息页面后，在页面中单击链接选择感兴趣的标题链接。

STEP 04　在接着打开的页面中，即可阅读与老年保健指定项目相关的信息了。

2 搜索日常食谱

中老年朋友通常对日常饮食比较讲究，电脑联网后，我们就可以方便地搜索自己喜欢的菜肴食谱。搜索方法如下：

STEP 01 打开百度页面后，输入要制作菜肴的名称，单击"百度一下"按钮。

STEP 02 在打开的搜索页面上方显示了菜肴的缩略图以及大致做法，单击该链接。

STEP 03 在打开的页面中显示了完整的菜肴材料、调料以及做法。

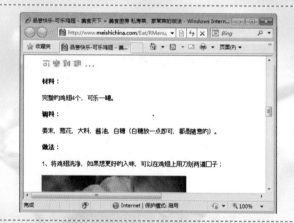

小提示

一个菜肴往往有很多种做法，我们使用百度搜索食谱时，也可以在众多的搜索结果中多查看几项，找到适合自己操作的食谱。

3 搜索理疗视频

健康是中老年朋友不容忽视的问题，对于身体有小疾患的中老年朋友，可以在网上搜索一些有用的理疗视频来学习。搜索方法如下：

STEP 01 打开百度页面后，单击页面上方的"视频"链接。

STEP 02 进入到视频搜索页面，输入关键词"理疗"，单击"百度一下"按钮。

STEP 03 在打开的页面中显示符合条件的所有视频缩略图以及视频名称，单击要观看的视频缩略图。

STEP 04 此时将进入到视频播放页面，经过短暂的数据缓冲后，就会开始播放视频内容了。

4 搜索摄影图片

不少中老年朋友对摄影有着浓厚的兴趣，我们可以在网络中搜索网友拍摄的各类精彩摄影图片来欣赏或者借鉴。搜索图片的方法如下：

STEP 01 进入到百度页面后，单击页面上方的"图片"链接。

STEP 02 进入到图片搜索页面后，输入关键词"旅游摄影"，单击"百度一下"按钮。

STEP 03 在打开的图片列表中，单击要查看图片的缩略图。

STEP 04 在新窗口中打开图片，可以通过"图片另存为"命令将图片保存起来。

任务目标 2 掌握一些对生活有用的特色搜索

除了各种日常信息的搜索外，使用百度我们还可以进行各种特色搜索，如搜索手机号码归属地、列车时刻、天气预报以及数据计算等。灵活运用这些特色的搜索功能，可以为我们的生活带来更多的便利。

1 搜索天气预报

使用百度可以快速搜索到指定地区最近3天内的天气状况，这对于比较关注天气的中老年朋友是非常实用的，搜索方法如下：

STEP 01 打开百度页面后，输入关键词"城市+天气"，如"成都 天气"，单击"百度一下"按钮。

STEP 02 在打开的搜索页面上方，非常直观地显示了指定城市最近3天内的天气预报信息。

2 搜索列车时刻

在出行之前，我们可以通过百度搜索列车时刻表，从而方便接下来的购票与出行安排，搜索方法如下：

STEP 01 打开百度页面后，输入关键词"列车时刻"，单击"百度一下"按钮。

STEP 02 进入到搜索页面后，输入起始站与终点站名称，单击"查询"按钮。

STEP 03 在打开的列表中显示了所有符合条件的列车信息。

STEP 04 如果我们已经知道了列车的车次，就可以直接搜索指定车次列车的时刻表，如搜索T8、D318等。

全国列车时刻表及火车票价查询

站站查询：	城市名	×	城市名	查询
车次查询：	T8		查询	
车站查询：	车站		查询	

3 搜索手机号码归属地

目前手机诈骗行为非常多，当我们接到来自不熟悉号码的信息或者电话后，就可以通过百度来查询手机号码的归属地，以此来判断自己是否认识对方。搜索方法如下：

STEP 01 打开百度页面后，输入要搜索的手机号码，单击"百度一下"按钮。

STEP 02 在打开的页面中即显示了当前手机号码的归属地区以及运营商。

4 搜索问题答案

日常生活中，我们不可避免地会遇到各种各样的问题，如果恰好有其他网友也遇到了同样的问题的话，那么我们通过百度就可以方便地了解到相关问题的答案了。搜索方法如下：

STEP 01 打开百度页面后，单击页面上方的"知道"链接。

STEP 02 进入百度知道页面后，输入相关的问题内容，单击"搜索答案"按钮。

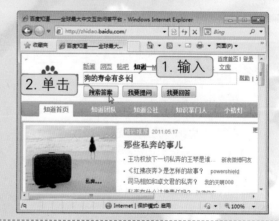

STEP 03 在打开的问题列表中单击与自己问题最接近的问题链接。

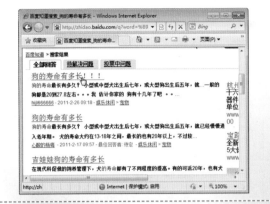

STEP 04 在打开的页面下方即可查看针对问题的详尽答案。

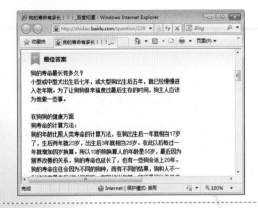

 小提示

　　百度知道中的问题答案，都是由很多热心的网友来回答的，所以我们搜索到的答案可能只适合参考，而不一定百分之百准确。

5　中英文翻译

　　日常生活或使用电脑的过程中，经常会遇到一些英文或其他语种的内容，如果我们外语水平较低的话，就可以借助百度来进行翻译，方法如下：

STEP 01 在搜索框中输入"翻译 +英文词组"，单击"百度一下"按钮。

STEP 02 在打开的页面中即显示了详细的翻译结果。

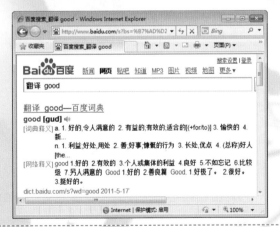

6　搜索彩票信息

　　热衷于彩票的中老年朋友，当购买彩票后，就可以在开奖过后直接通过网络来查询开奖结果，方法如下：

STEP 01 在搜索框中输入彩票的名称，如"双色球"，单击"百度一下"按钮。

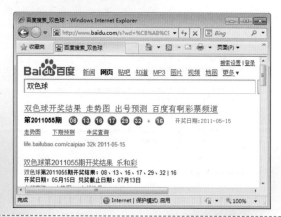

STEP 02 在打开的页面中即显示了最近一期彩票的开奖结果。

7 计算数据

使用百度除了可以搜索各种各样的信息外，在需要的时候还可以作为计算器使用，来快速计算各种公式的结果。计算方法如下：

STEP 01 在搜索框中输入要计算的公式，然后单击"百度一下"按钮。

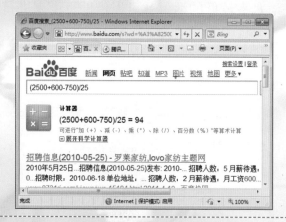

STEP 02 在打开的页面中即显示了公式以及准确的计算结果。

小提示

在电脑中运算数据时，乘号"×"使用星号"*"代替；除号"÷"使用"/"代替。

8 单位转换

使用百度还可以对常见的单位进行转换，包括长度单位、重量单位、货币单位之间的转换等。

STEP 01 在搜索框中直接输入要转换的单位问题，单击"百度一下"按钮。

STEP 02 在打开的页面中即显示了转换结果，同时显示转换单位的类型。

任务目标 3 学会下载网络资源

除了大量的信息资源外，网络中还包含了丰富的电影、音乐以及软件资源，当我们需要使用这些资源时，就可以通过浏览器或者下载工具下载到电脑中。

1 使用浏览器下载软件

对于一些较小的资源，如音乐、小软件等，就可以使用IE浏览器直接下载。下面以下载"迅雷"为例，来介绍使用浏览器直接下载的方法：

STEP 01 在地址栏中输入"www.xunlei.com"，打开迅雷网站，单击右侧的"下载迅雷"按钮，单击"本地下载"链接。

STEP 02 弹出"文件下载"对话框，单击对话框中的"保存"按钮。

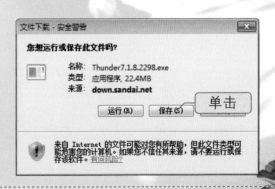

STEP 03 打开"另存为"对话框，在对话框中设置文件的保存名称以及保存位置后，单击"确定"按钮。

STEP 04 开始从网络中下载资源，并在对话框中显示下载进度，此过程需要用户耐心等待。

STEP 05 下载完毕后，单击对话框中的"打开文件夹"按钮。

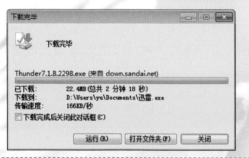

STEP 06 在打开的窗口中即可看到下载后的文件了。

2 安装专门的下载工具

如果我们经常从网络中下载各种较大的资源，如电影、大型软件等，那么IE浏览器的下载速度就无法满足需求了，这时可以在电脑中安装专用的下载工具，从而获得更高速的下载。以安装前面下载的迅雷为例，安装方法如下：

STEP 01 双击下载好的安装文件图标，运行安装程序并单击"接受"按钮。

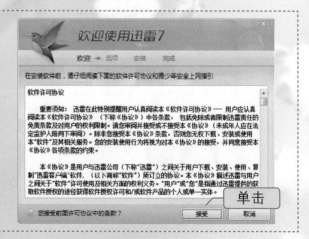

STEP 02　在接着打开的对话框中单击"浏览"按钮选择安装位置后，单击"下一步"按钮。

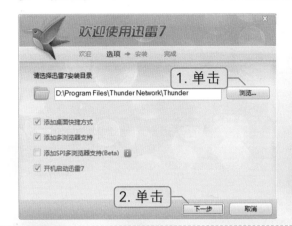

STEP 03　开始安装迅雷并在对话框中显示安装进度，用户需要略作等待。

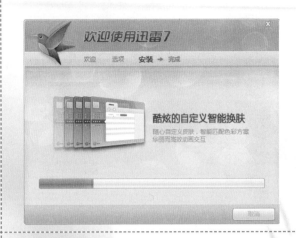

STEP 04　安装完毕后，在最后打开的对话框中单击"完成"按钮结束安装。

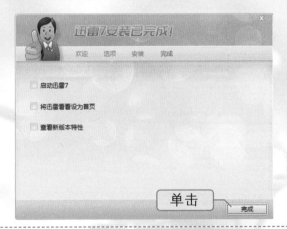

STEP 05　安装完毕后，双击桌面上的"迅雷"图标，即可启动迅雷了。

小提示

　　使用迅雷下载时，可以先不启动迅雷，而等待从网页中找到下载资源后，通过右键菜单直接启动迅雷并下载资源。

3　**使用迅雷搜索并下载电影**

　　安装迅雷后，就可以使用迅雷搜索并下载各种资源了，包括软件、电影以及电子书等。下面以搜索并下载电影为例，来介绍搜索与下载资源的方法：

STEP 01 在迅雷界面右侧的搜索框中输入电影的名称，单击"搜索"按钮。

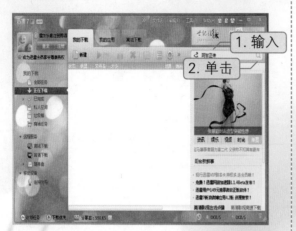

STEP 02 在打开的资源列表中用鼠标单击要下载的电影标题链接。

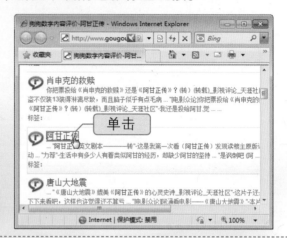

STEP 03 在打开的页面中显示了电影的相关信息，单击"迅雷下载"按钮。

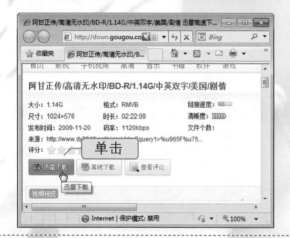

STEP 04 开始分析并检测资源的下载位置，用户略作等待。

STEP 05 自动弹出"新建任务"对话框，可设置电影的保存位置后，单击"立即下载"按钮。

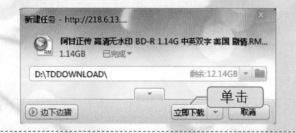

STEP 06 开始下载资源并在迅雷界面中显示下载信息，下载完毕后进入到所设置的目录中，就可以找到下载的文件了。

4　下载其他网站中的资源

我们在浏览网页的过程中，如果找到了自己需要的各种资源，那么也可以使用迅雷直接下载，下载方法如下：

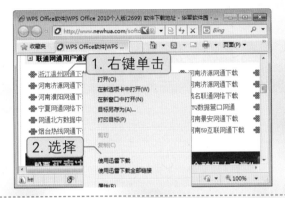

STEP 01　在网页中用鼠标右键单击资源的下载链接，在弹出的快捷菜单中选择"使用迅雷下载"命令。

STEP 02　启动迅雷并打开"新建任务"对话框，设置保存位置后单击"立即下载"按钮，即可开始下载资源了。

互动练习

1. 用百度搜索与"疾病预防"相关的信息，并从中选择阅读自己感兴趣的内容。

2. 使用百度查询自己所在地的天气状况。

3. 使用迅雷下载解压缩软件WinRAR。

第9章

与亲友在线交流

任务播报

- ❖ 使用QQ在线聊天
- ❖ 使用Windows Live Messenger与海外亲友交流
- ❖ 在线收发电子邮件

任务达标

　　网络为我们提供了便利的交流功能，通过网络中老年朋友可以和亲友随时交流。通过对本章的学习，中老年朋友可以掌握使用QQ、Windows Live Messenger在线聊天的方法，以及电子邮箱的使用方法。

使用QQ在线聊天

任务目标 1

QQ是目前国内使用人数最多的在线聊天工具，如果中老年朋友有很多亲友都在使用QQ，那么就可以在电脑中安装QQ并与亲友进行各种方式的聊天。

1 | 申请号码与登录QQ

　　我们可以进入到QQ的官方网站"www.qq.com"来下载QQ安装文件，并在电脑中安装最新的QQ2011，安装成功后，接下来就需要申请属于自己的QQ号码并登录到QQ了，具体操作方法如下：

STEP 01　双击桌面上的"腾讯QQ2011"图标，打开QQ登录框。

STEP 02　单击登录框右侧的"注册"链接，开始注册新号码。

STEP 03　在浏览器中打开注册页面，单击"免费账号"区域中的"立即注册"按钮。

STEP 04　在打开的页面中要求选择账号类型，单击"QQ号码"选项。

STEP 05 在打开的注册页面中输入个人信息、密码以及验证码，单击"确定并同意以下条款"按钮。

STEP 06 在最后打开的页面中告知QQ号码注册成功，并且以红色文字显示注册到的QQ号码。

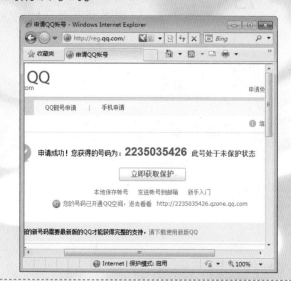

STEP 07 在QQ登录框中输入注册到的QQ号码，以及注册时设置的密码，单击"安全登录"按钮。

STEP 08 开始登录到QQ，登录成功后将显示出QQ面板，同时任务栏通知区域中显示QQ图标。

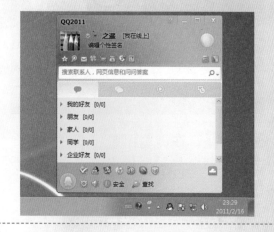

小知识

　　每个人的QQ号码都是唯一的，也是我们登录QQ与亲友识别我们的重要依据，所以申请到QQ号码后，中老年朋友如果记不住一长串数字，可以将号码写在纸张上保存。

2 查找与添加QQ好友

　　登录到自己的QQ之后，接下来我们就可以询问自己亲友的QQ号码，然后将亲友加为自己的QQ好友了。另外，在QQ中除了可以将熟悉的人加为好友外，还可以将其他使用

QQ的网友加为好友以结识更多的新朋友。

将亲友加为好友

当我们知道亲友的QQ号码之后，就可以将对方添加为自己的QQ好友了，通过号码查找并添加好友的方法如下：

STEP 01 登录到QQ后，单击QQ面板下方的"查找"按钮。

STEP 02 打开"查找联系人"对话框，选择"精确查找"单选项，在"账号"框中输入对方的QQ号码，单击"查找"按钮。

STEP 03 在列表中将显示查找到的好友，单击选中该好友，单击"添加好友"按钮。

STEP 04 打开"添加好友"对话框，在对话框中输入要发送给对方的验证信息，单击"确定"按钮。

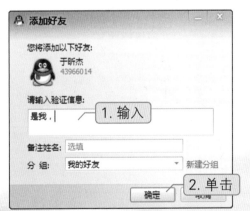

STEP 05 当对方接受请求后，任务栏中的QQ图标将变为闪烁的喇叭，单击该图标，在弹出的提示框中单击"完成"按钮。

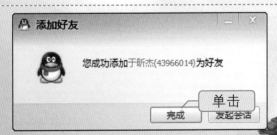

STEP 06 将对方添加为好友后，对方就会显示在我们的QQ好友列表中。

将陌生网友加为好友

添加陌生网友，就是在不知道QQ号码的情况下任意添加正在使用QQ的网友为好友，这样在闲暇时就可以与陌生好友闲聊各种话题，并逐渐结识新的朋友。添加方法如下：

STEP 01 打开"查找联系人"对话框后，选择"按条件查找"选项，并设置好查找条件后，单击"查找"按钮。

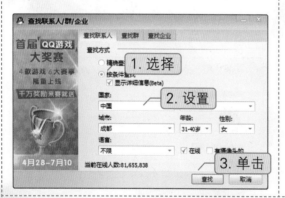

STEP 02 在打开的"查找联系人"对话框中显示了所有符合条件的QQ网友，选择一位网友后，单击"查看资料"链接。

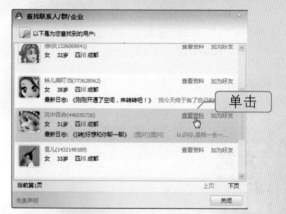

STEP 03 在打开的对话框中查看对方个人资料后，如果要继续添加好友，则单击"加为好友"按钮。

STEP 04 在打开的"添加好友"对话框中输入验证信息后，单击"确定"按钮，当对方同意后就可以加为好友了。

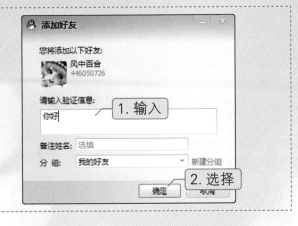

小提示 ◀ · ┈ ┈ ┈

有些好友可以无须验证直接添加，而有些好友则拒绝被添加，这主要取决于对方的好友验证设置。

3　与亲友文字聊天

将亲友添加为自己的QQ好友后，如果对方也正在使用QQ，那么相互之间就可以轻松地在线聊天了，QQ聊天的方法很简单，就是将彼此要说的话以文字形式表达出来，然后发送给对方。聊天方法如下：

STEP 01 在QQ好友列表中用鼠标双击要聊天的好友头像。

STEP 02 打开与好友的聊天窗口，在下方的消息框中输入要发送的内容。

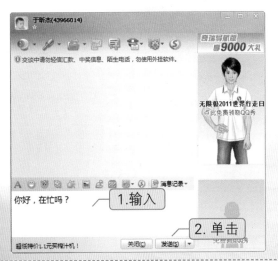

STEP 03 输入完毕后，单击"发送"按钮，即可将消息发送给对方。对方如果回复消息，那么也会显示在上方窗格中。

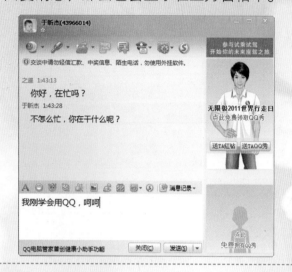

STEP 04 继续相互输入并发送信息，即可开始聊天了，在聊天过程中，还可以发送一些有趣的表情来活跃聊天气氛。

4 与亲友语音聊天

如果我们为电脑配备了话筒和音箱（耳机），那么就可以使用QQ与远方的亲友像打电话一样进行语音聊天。语音聊天的方法如下：

STEP 01 打开与好友的聊天窗口，单击窗口上方的"开始语音会话"按钮。

STEP 02 将给对方发送语音请求，同时音箱会发出像打电话一样的拨号音。

STEP 03 当对方接受后，就可以开始语音聊天了，聊天过程中拖动右侧的滑块可以调整话筒与音箱音量。

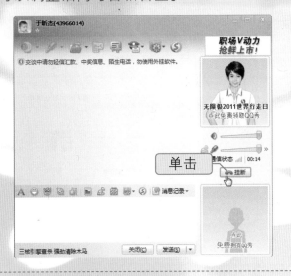

STEP 04 如果要结束语音聊天，只要单击语音面板中的"挂断"按钮就可以了。

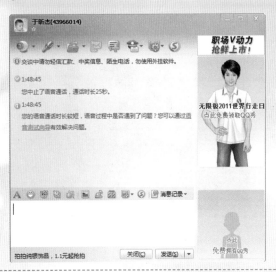

5　与亲友视频聊天

如果聊天双方的电脑上都配备了摄像头，那么还可以像视频电话一样进行视频聊天。即聊天双方可以通过摄像头看到对方，并且同时能够进行语音聊天。视频聊天的具体操作方法如下：

STEP 01 打开与好友的聊天窗口，单击窗口上方的"开始视频会话"按钮。

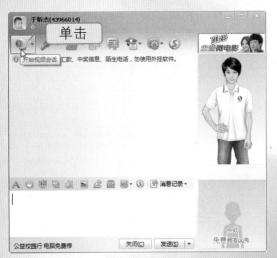

STEP 02 此时将向对方发送视频请求，同时扩展显示出视频聊天面板。

STEP 03 当对方接受后，双方就可以互相看到对方，并同时进行语音或文字聊天了。

STEP 04 视频聊天完毕后，单击视频面板右下角的"挂断"按钮结束通话即可。

小提示

只有在聊天双方都配备有摄像头的情况下，才能通过视频聊天相互看到对方，如果有一方未安装摄像头，那么通话过程中就只能看到有摄像头一方的视频。

6 将照片发送给亲友

使用QQ除了可以方便地聊天外，还能够将电脑中的文件轻松地传送给自己的亲友，如中老年朋友可以将自己的近照发送给异地的子女或朋友。使用QQ发送文件的具体操作方法如下：

STEP 01 打开与好友的聊天窗口后，单击窗口上方的"传文件"按钮，选择"发送文件"命令。

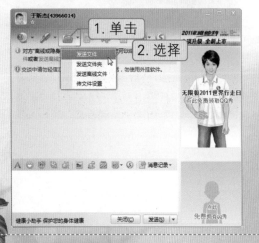

STEP 02 在"打开"对话框中选择要通过QQ发送的照片，单击"打开"按钮。

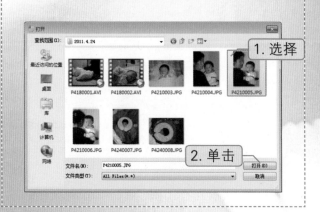

STEP 03　此时将向对方发送文件传送请求，需等待对方接收。

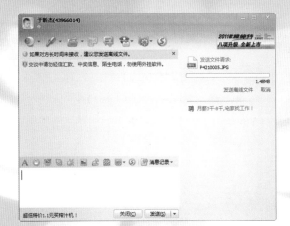

STEP 04　当对方同意接收后，将开始传送文件，同时显示文件的传送进度。

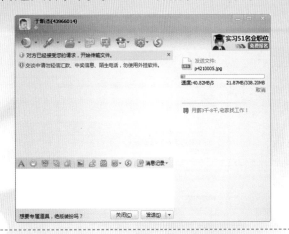

STEP 05　文件传送完毕后，将在信息窗格中提示文件传送成功。

小提示

如果好友给我们发送文件，那么聊天窗口右侧也会显示出文件接收面板，单击"接收"链链，就可以开始接收文件了。

任务目标 2　使用Windows Live Messenger与海外亲友交流

QQ适合和国内的网友相互交流聊天，如果自己的亲友在国外，那么就需要使用全球性的通信工具Windows Live Messenger了。Windows Live Messenger具备和QQ接近的功能，同样可以文字、语音或者视频聊天，以及相互传送文件。

1　安装Windows Live Messenger

在Windows 7中我们只要通过"Windows Live软件包"就能够方便地下载并安装

Windows Live Messenger。方法如下：

STEP 01　在"开始"菜单搜索框中输入"live"，然后在列表中选择"联机获取Windows Live Essentials"选项。

STEP 02　在浏览器中打开Windows Live软件包下载页面，单击"立即下载"按钮。

STEP 03　开始下载Windows Live软件包，下载完毕后，单击"运行"按钮。

STEP 04　准备安装Windows Live软件包，略作等待。

STEP 05　在安装对话框中单击"选择要安装的程序"选项。

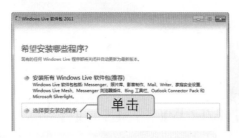

STEP 06　仅选中"Messenger"选项，单击"安装"按钮。

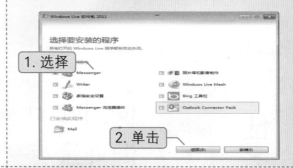

STEP 07　开始安装Windows Live Messenger，用户需要等待一段时间。

STEP 08　安装完毕后，在打开的"完成"对话框中单击"关闭"按钮。

2　注册Windows Live ID

安装Windows Live Messenger后，还需要通过电子邮箱账号来注册Windows Live ID，并使用注册的ID登录到Windows Live Messenger。注册方法如下：

STEP 01　在"开始"菜单中进入到"所有程序"列表，选择"Windows Live Messenger"选项。

STEP 02　打开Windows Live Messenger登录框，单击"注册"链接。

STEP 03　在浏览器中打开注册页面，认真填写页面中的各个项目后，单击"接受"按钮。

STEP 04　注册完毕后，在登录框中输入注册的账号与密码，单击"登录"按钮。

STEP 05 开始登录到Windows Live Messenger，略作等待。

STEP 06 登录成功后，就会转入到 Windows Live Messenger界面。

3 添加联系人

登录到Windows Live Messenger后，就可以将其他使用Windows Live Messenger的亲友添加为联系人，然后通过Windows Live Messenger与对方相互传送信息了。添加联系人的方法如下：

STEP 01 单击界面右上角的"添加"按钮，在菜单中选择"添加好友"命令。

STEP 02 在打开的对话框中输入对方的电子邮箱地址，单击"下一步"按钮。

STEP 03 单击"下一步"按钮确认添加联系人。

STEP 04 开始向对方发送邀请信息。

STEP 05 最后打开的对话框提示已经成功添加联系人，单击"关闭"按钮。

STEP 06 返回到Windows Live Messenger界面后，即可看到联系人已经显示在列表中。

4 | 和亲友发送信息

将亲友添加为联系人后，当对方也正在使用Windows Live Messenger时，就可以和亲友发送文字信息来聊天了。方法如下：

STEP 01 在联系人列表中用鼠标双击要发送信息的联系人。

STEP 02 打开与联系人的对话窗口，在下方输入文本内容后按下回车键发送信息。

STEP 03 发送出的信息将显示在上方窗格中，同样如果收到联系人发来的信息，也会显示在上方窗格中。

小提示

如果对方当前没有登录Windows Live Messenger，那么我们发送的信息将在其下次登录后收到。

任务目标 3 学会在线收发电子邮件

电子邮件是互联网提供的一个非常重要的交流功能，就如同我们生活中的信件或快递一样，所有电脑用户都可以非常方便地发送信件或文件给自己的亲友，同时也可以接收来自亲友的邮件。

1 申请免费电子邮箱

要想收发电子邮件，我们首先需要申请一个电子邮箱。现在很多网站都提供了免费的邮箱服务，我们只要登录网站后就可以快速地申请到属于自己的电子邮箱，下面一起来申请163免费邮箱，申请方法如下：

STEP 01 在浏览器地址栏中输入"www.163.com"，打开网易站点，单击"注册免费邮箱"链接。

STEP 02 进入到邮箱注册页面，在页面中输入用户名、密码等个人相关信息后，单击页面下方的"提交注册"按钮。

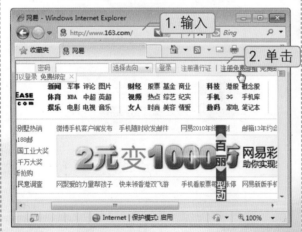

STEP 03 在打开的页面中告知用户注册成功，同时显示出注册到的邮箱地址。一定要记住自己的邮箱地址。

STEP 04 返回到网易首页，在页面上方分别输入邮箱账号与密码，单击"登录"按钮，即可登录到电子邮箱。

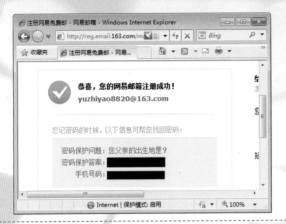

小提示

当我们需要别人给自己发送邮件时，首先需要将自己的电子邮箱告诉对方。

2　给亲友发送电子邮件

拥有自己的电子邮箱后，我们就可以随时登录到邮箱并给自己的亲友发送电子邮件了，发送之前，首先必须要知道亲友的电子邮箱地址。发送邮件的操作方法如下：

STEP 01 登录到电子邮箱后，单击页面右侧的"写信"按钮。

STEP 02 进入到邮件撰写页面，分别输入收件人地址、邮件主题以及邮件内容后，单击"发送"按钮。

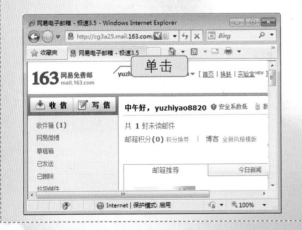

STEP 03 稍后，在打开的页面中告知用户邮件发送成功。

小知识 ◀ ·······

　　也可以将一份邮件同时发送给多个收件人，只要在"收件人"一栏中输入邮箱地址时，每个邮箱地址用分号隔开就可以了。

3　阅读来自亲友的电子邮件

　　拥有自己的电子邮箱后，当亲友知道了我们的电子邮箱，那么也可以给我们发送电子邮件了。这时我们就可以进入到邮箱阅读来自亲友的邮件，阅读邮件的操作方法如下：

STEP 01 登录到邮箱后，单击左侧列表中的"收件箱"选项。

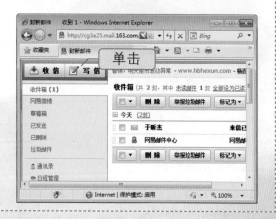

STEP 02 进入到收件箱界面后，页面中显示了当前所有的邮件，单击要阅读的邮件标题。

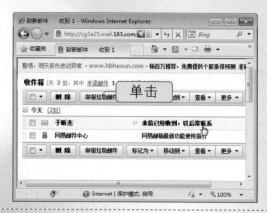

STEP 03 在打开的页面中即可查看邮件的详细内容，包括发件人、时间、邮件正文等。

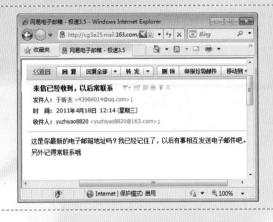

小提示

邮箱中会经常收到各种广告或垃圾邮件，这类邮件我们通常一概不要理会就可以了。判断广告或垃圾邮件的方法很简单，只要通过发件人姓名（地址）或者邮件标题通常就能够看出来。

4　回复邮件

当收到并阅读来自亲友的邮件后，通常我们要给对方回发一份邮件，也就是对收到的邮件进行回复。回复邮件的方法如下：

STEP 01 打开邮件并阅读内容后，在邮件页面上方单击"回复"按钮。

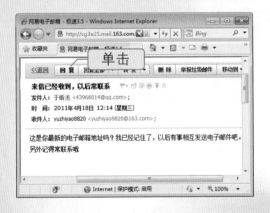

STEP 02 进入到邮件回复页面，直接输入回复内容后，单击"发送"按钮发送即可。

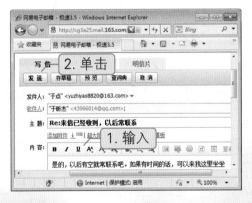

5　将照片发送给亲友

使用电子邮件除了可以发送文字内容外，还可以将电脑中的文件以邮件附件的方式发送给对方，如制作的文档、拍摄的照片等。发送邮件附件的方法如下：

STEP 01 进入到写信页面中，填写标题、收件人以及正文后，单击"添加附件"链接。

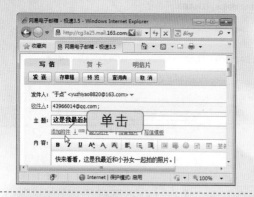

STEP 02 在打开的对话框中选择要使用邮件发送的文件，单击"打开"按钮。

STEP 03 将文件插入到邮件后，邮件主题下方会显示作为附件的文件信息。

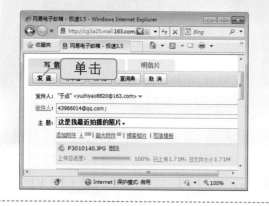

STEP 04 单击"发送"按钮，即可将文件连同邮件一起发送给对方。

6 下载邮件中的附件

如果亲友通过邮件附件发送给我们一些照片或其他文件，那么我们还需要打开邮件并下载邮件附件，下载之后就可以正常查看或使用文件了。下载邮件附件的方法如下：

STEP 01 打开包含附件的邮件后，在页面下方的附件区域中单击"下载"链接。

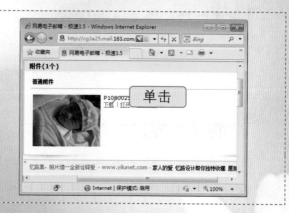

STEP 02 打开"文件下载"对话框，单击"保存"按钮后，设置保存位置并开始下载文件。

 互动练习

1. 申请一个QQ号码并登录到QQ，然后将自己的亲友全部添加为QQ好友，并与亲友开始聊天。

2. 使用QQ将自己拍摄的照片传送给亲友。

3. 申请一个免费电子邮箱，并通过邮件告知亲友自己的邮箱地址。

Chapter Ten

第10章

更加便利的网上生活

任务播报

- ❖ 精彩的网上论坛
- ❖ 开通个人博客
- ❖ 使用网上银行
- ❖ 网上购物
- ❖ 网上预订机票酒店

任务达标

网络为我们带来了非常精彩的生活服务，也让我们的生活更加便利。通过对本章的学习，中老年朋友可以了解网上论坛、网上银行、网上购物以及网上预订的使用，从而在自己以后需要的时候，通过网络来快速享受更加便利的生活。

认识精彩的网上论坛

论坛是网络中供网友之间相互交流的公共平台，所有网友都可以进入到论坛中发表相关的言论，或者针对网友的言论来相互讨论，通过交流与探讨，从而延伸知识面、了解特定的信息或者得到网友的帮助。

1 了解热门的论坛

网络中的论坛站点非常多，有全国性的、有地方性的。这里说的热门论坛是指访问人数多、帖子数量多以及涵盖信息层面大的全国性论坛，主要有天涯社区、猫扑社区以及西祠胡同等。

天涯社区

www.tianya.cn，天涯社区是目前人气最旺、最大的全球华人论坛，是一个以人文情感为核心的综合性虚拟社区和大型网络社交平台。天涯社区拥有大量用户群所产生的超强人气、人文体验和互动原创内容，满足个人沟通、创造、表现等多重需求，并形成了全球华人范围内的线上线下信任交往文化，是目前最具影响力的全球华人网上家园。

西祠胡同

www.xici.net，西祠胡同是全国人文气息最浓的社区，是首家针对城市社区网站，定位于时尚、娱乐、生活、服务等综合服务的论坛。积累了各个年龄层次、各种行业、不同兴趣爱好的大量忠实网友。西祠胡同主要以各种个性版块为主，网友可以在这里自由创建版块，集结具有共同兴趣或爱好的网友。

猫扑社区

www.mop.com，猫扑网是目前中国领先的娱乐互动门户网站，专注于满足用户的娱乐、交互与个性化的需求。猫扑社区集社会媒体、自有媒体、互动媒体为一体，成为新媒体门户的核心代表。

猫扑网包括互动、资讯、娱乐三大中心，并下设了体育、汽车、科技、财经、博客社区等众多分类频道，是目前最具特色的年轻人娱乐门户。

小提示

网络中也有很多适合中老年朋友逛的论坛，如保健论坛、养生论坛等。另外，一些地方性的论坛也是不错的选择，在这类论坛中可以和自己当地的网友交流与探讨。

2 到天涯社区浏览帖子

天涯社区是目前最大的华人论坛，也是在线人数最多的论坛之一。天涯社区中开设了多

177

种类型的版块，很多版块都适合中老年朋友们浏览。进入到天涯社区浏览帖子的方法如下：

STEP 01 在浏览器地址栏中输入天涯社区的网址"www.tianya.cn"，进入天涯社区网站后，单击"浏览进入"链接。

STEP 02 进入到天涯社区主页面，页面中列出了各种热门帖子。如果要进入到论坛，则单击页面上方的"论坛"链接。

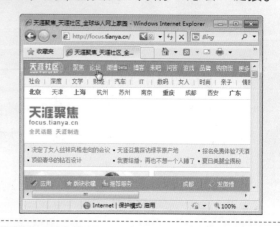

STEP 03 进入到论坛页面后，在左侧列表中选择感兴趣的论坛版块。

STEP 04 进入到版块页面后，在帖子列表中单击感兴趣的帖子标题。

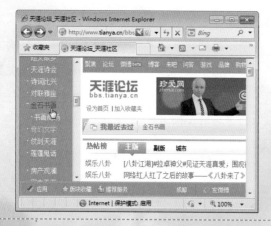

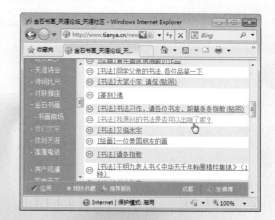

STEP 05 此时将打开帖子页面，在其中即可浏览帖子的详细内容了。

STEP 06 向下拖动浏览器滚动条，即可浏览网友针对帖子的各种评论。

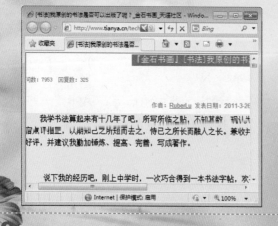

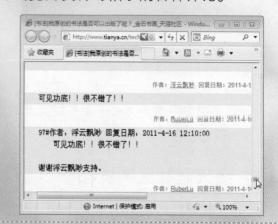

3 注册天涯社区会员

如果我们以后会经常访问某个论坛，并且想要在论坛中参与到别人的论题中，或者发表自己的论题，那么就需要注册成为论坛会员。注册天涯会员的方法如下：

STEP 01 进入到天涯社区登录页面后，单击"免费注册"按钮。

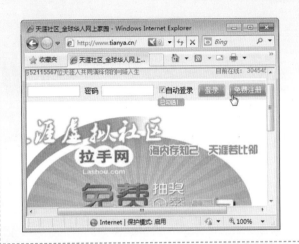

STEP 02 在打开的注册页面中输入用户名、密码、邮箱信息，单击"立即注册"按钮。

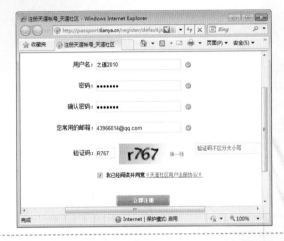

STEP 03 在接着打开的页面中提示进入邮箱确认，单击"立即进入邮箱激活账号"按钮。

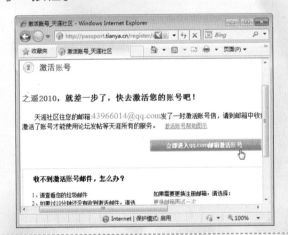

STEP 04 进入到邮箱后，打开来自天涯社区的邮件，单击邮件中的激活链接。

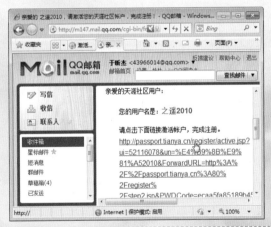

STEP 05 此时即可激活注册的天涯账号，返回到天涯社区后提示注册完成。

4 登录天涯社区并发布新帖

注册会员后，我们以后就可以随时登录到天涯社区，并发表自己的论题了。在论坛中，所有论题均称为"帖子"，发表帖子的方法如下：

STEP 01 进入到天涯登录页面后，输入注册的用户名与密码，单击"登录"按钮。

STEP 02 登录到天涯社区后，在个人页面上方单击"论坛"链接。

STEP 03 进入到论坛页面后，在左侧列表中选择要发表帖子的版块。

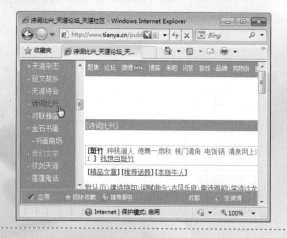

STEP 04 进入版块页面后，单击帖子列表上方的"发表帖子"按钮。

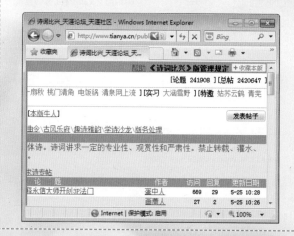

 小提示

很多论坛中的发帖是有规定的，不同的版块中通常只能发表符合版块内容的帖子，另外一些涉及政治、宗教等敏感信息的帖子，在绝大多数论坛中是不允许发表的。

STEP 05 进入到帖子发表页面，在其中输入帖子标题与正文，并选择类型后，单击"发表"按钮。

STEP 06 弹出提示框要求输入验证码，正确输入后单击"确定"按钮，即可将帖子发布到论坛中。

STEP 07 返回到论坛板块后，在帖子列表中即可看到自己所发布帖子的标题。

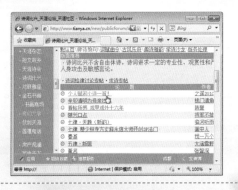

STEP 08 单击帖子标题，在打开的页面中，就可以阅读完整的帖子内容了。

5 ｜ 回复别人的帖子

注册会员后，我们在论坛浏览别人帖子的过程中，如果遇到了自己感兴趣的话题，就可以对帖子进行回复，回复帖子的方法如下：

STEP 01 打开帖子后，拖动滚动条到浏览器最下方，在回复区域中输入回复内容。

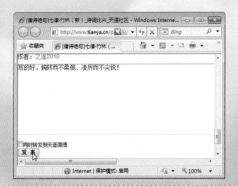

STEP 02 单击"发表"按钮，即可对帖子进行回复，回复内容会显示在页面最下方。

任务目标 2 开通自己的博客

博客也称为"网络日志",是当前非常热门的网络活动。我们可以将博客作为网络中的个人展示平台,在其中书写自己的文章、上传照片等,而这些信息都可以被其他网友所看到,并且得到网友的互动。

1 申请与开通博客

目前很多网站都提供了个人博客服务,我们只要登录到这些网站后就可以申请与开通自己的博客空间,以申请新浪博客为例,申请方法如下:

STEP 01 在浏览器中打开新浪站点后,单击页面上方的"博客"链接。

STEP 02 进入到新浪博客页面后,单击"开通新博客"按钮。

STEP 03 在打开的博客注册页面中输入相关注册信息,单击"注册"按钮。

STEP 04 此时将向注册使用的邮箱中发送一封激活邮件,单击"点击进入邮箱"按钮。

STEP 05 进入到注册邮箱后，打开来自新浪网的邮件，单击邮件中的激活链接。

STEP 06 返回到新浪博客页面后，即提示用户注册成功，并告知所注册到的博客空间地址。

2 ｜ 设计博客空间

开通博客空间后，我们就可以登录到自己的博客空间并对空间页面进行个性化设计了，其具体操作方法如下：

STEP 01 进入到新浪博客页面，输入登录名与密码后，单击"登录"按钮。

STEP 02 此时即可登录到个人博客页面，页面上方显示博客名称与博客地址。

STEP 03 单击页面右上方的"页面设置"按钮，切换到页面设置状态。

STEP 04 在"风格设置"区域中选择博客页面要采用的风格。

STEP 05 切换到"自定义风格"界面，选择空间的色调以及其他元素。

STEP 06 切换到"版式设置"界面，在其中选择博客空间要采用的版式布局。

STEP 07 切换到"组件设置"界面，选择要在博客中显示的功能组件。

STEP 08 设置完毕后，单击右侧的"保存"按钮保存设置。

经过一系列设计后，我们就可以打造出具有自己特色的博客空间了。如下图所示为设计后的博客页面效果。

3　发表博客文章

有了自己的博客空间之后，我们就可以在博客中发表各种文章了，博客中的文章通常是一些自己针对事物的见解、个人观点或者各种原创文章等。发博文的具体操作方法如下：

STEP 01　登录到博客空间后，单击右上方的"发博文"按钮。

STEP 02　在打开的页面中输入博文标题与正文内容，并设置正文格式。

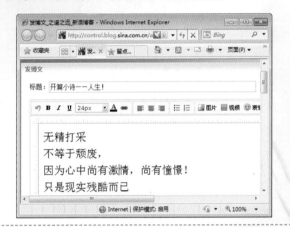

STEP 03　在页面下方选择博文的分类、标签以及是否投稿等选项，单击"发博文"按钮。

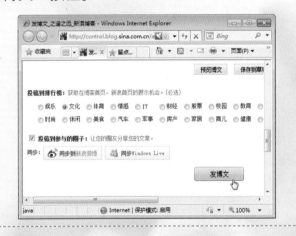

STEP 04　发布成功后，进入到博客空间就可以看到发表的文章内容了。

4　在文章中添加图片

发表博客文章时，为了使文章的表现更加生动，更加吸引其他网友的阅读，我们可以在文章中搭配一些相关的图片。这就需要在博文中插入图片，插入方法如下：

STEP 01 进入到发表文章页面，输入文章内容后，将光标移动到要插图的位置，单击"图片"按钮。

STEP 02 进入到"插入图片"页面后，单击页面中的"添加"按钮。

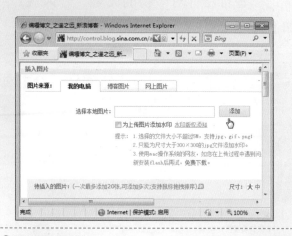

STEP 03 在打开的对话框中选择要插入到博文中的图片文件，单击"打开"按钮。

STEP 04 页面中显示将要插入的图片，确认后单击"插入图片"按钮。

STEP 05 将图片插入到文章中之后，可以对图片的大小进行调整。

STEP 06 发表文章后，即可看到文章中显示所插入的图片了。

5 完善个人信息

　　开通博客后，随着我们不断地发表各种精品文章，就会逐渐地吸引越来越多的网友来关注我们的博客空间，这时为了让网友了解自己，就可以完善一下博客主人的信息，包括大致资料、个人照片等，其具体操作方法如下：

STEP 01 进入到博客首页后，单击"个人资料"版块中的"管理"链接。

STEP 02 进入到个人资料页面，单击对应的"编辑"链接，开始完善个人资料。

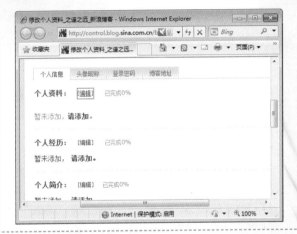

STEP 03 个人基本资料填写完毕后，单击"头像昵称"标签。

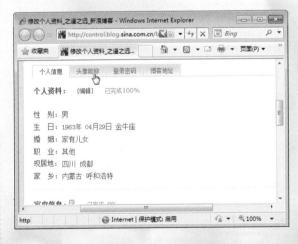

STEP 04 在页面中单击"浏览"按钮选择要设置为头像的照片后，单击"保存"按钮。

任务目标 **3** 使用网上银行

只要拥有一张银行卡并开通网上银行，我们就可以非常方便地管理自己的资金，包括网上购物、网上转账等。目前各大银行均支持网银业务，这里以工商银行网银为例，来介绍网银的使用方法。

1 | 开通网上银行

开通网上银行之后，我们可以随时查询自己账户的资金余额。下面以工商银行网银为例，查询余额的具体操作方法如下：

STEP 01 在浏览器中输入"www.icbc.com.cn"，打开工行网站页面，单击"个人网上银行登录"下方的"注册"链接。

STEP 02 进入到网上银行注册页面，单击页面右侧的"注册个人网上银行"按钮。

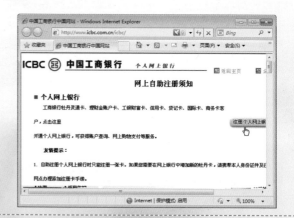

STEP 03 在打开的客户服务协议页面中阅读协议后，单击"接受"按钮。

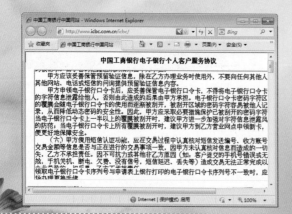

STEP 04 进入到注册页面，输入要开通网银的银行卡号后，单击"提交"按钮。

STEP 05 在打开的页面中准确填写相应的注册信息后，单击"提交"按钮。

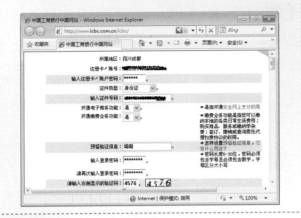

STEP 06 在接着打开的页面中确认注册信息后，单击"确定"按钮，即可开通网银。

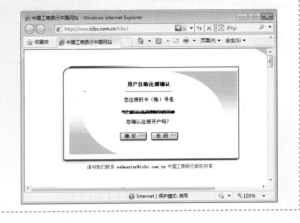

2　登录网上银行

开通网上银行之后，我们就可以通过任意一台已经联网的电脑登录到网上银行了，其具体操作方法如下：

STEP 01 在工行网站页面中单击"个人网上银行登录"按钮。

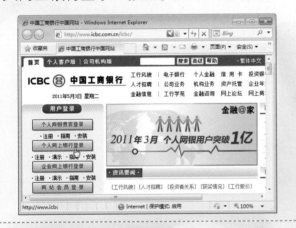

STEP 02 在打开的页面中输入银行卡号与网银登录密码，单击"登录"按钮。

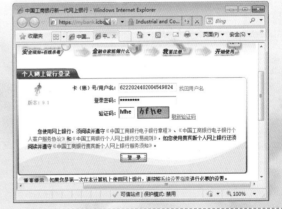

STEP 03 稍后即可登录到网上银行，工行网银的界面如右图所示。

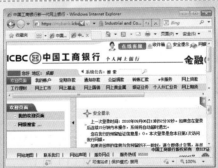

 小提示

第一次使用网银时，可能需要下载安装银行提供的安全控件。还有一点需要注意的是，网银登录密码是开通网银时设置的密码，而不是取款密码。

3 查询账户余额

通过网上银行，我们可以方便地查询到当前账户余额，从而随时了解自己的资金情况。在工行网银中查询账户余额的具体操作方法如下：

STEP 01 单击"我的账户"选项，在左侧列表中选择"账务查询"选项。

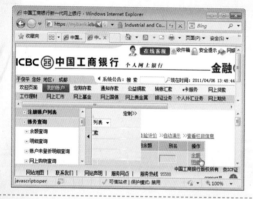

STEP 02 单击右侧的"余额"链接，即可显示出账户余额数目。

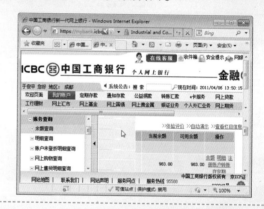

4 在线转账

进入到网银后，我们就可以方便地在线转账了，使用工行网银不但可以向其他工行账号转账，而且也可以跨行转账。以跨行转账为例，其具体操作方法如下：

STEP 01 在左侧列表中展开"工行与他行转账汇款"项目，选择"跨行转账汇款"选项。

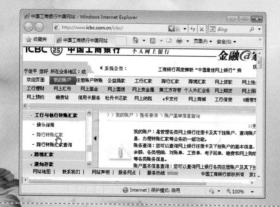

STEP 02 在打开页面中选择用于付款的账号，单击"下一步"按钮。

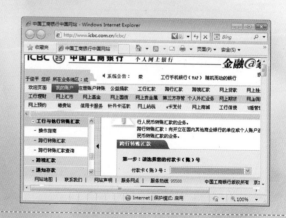

STEP 03 在接着打开的页面中输入对方的银行账号、所属银行以及转账金额，单击"下一步"按钮。

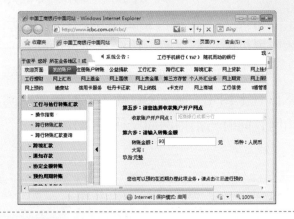

STEP 04 在最后打开的页面中选择转账方式以及款项信息，然后单击"下一步"按钮即可提交转账。

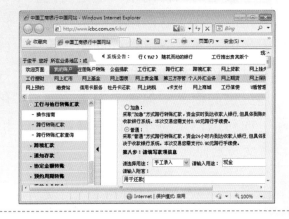

任务目标 4　学会网上购物

网上购物是现在流行的购物方式，大到家电家具，小到日用百货，只要我们生活所需要的，都可以通过网上直接购买。尤其对于中老年朋友来说，足不出户就能买东西，显然是非常方便的一件事。

1　了解热门的购物网站

目前网络中的购物网站非常多，其中被网友选择最多的主要有淘宝网、易趣网以及拍拍网。下面来简单了解一下这几个购物网站。

淘宝网

淘宝网（www.taobao.com）是目前国内最大的个人电子商务平台，由著名的B2B网站阿里巴巴所投资创办。目前淘宝网已经成为国内最成熟的购物网站，汇聚了数千家网上店铺，以及数以千万计的商品。淘宝网采用支付宝资金托管平台，能够让购物用户的资金得到有效的保障。

易趣网

易趣网（www.eachnet.com）是国内最早成立的购物网站，也是国内较为领先的在线交易网站，后来与全球最大的电子商务公司eBay联盟。由于成立时间较长并且得到eBay的支持，易趣提供的商品不但种类繁多，而且除了面对国内市场外，广大商家还可以将交易延伸到世界各地。

拍拍网

拍拍网（www.paipai.com）是由腾讯公司于2005年成立的在线交易网站。腾讯QQ的用户量非常庞大，拍拍网则是基于广大QQ用户群体所提供的一个方便、快捷、完善的购物平台。目前拍拍网中的商品也非常丰富并多样化，而且上网用户通过QQ就能方便地关联到拍拍网，同时与拍拍网商家使用QQ沟通。

2　注册淘宝会员

进入到购物网站选购商品时，我们首先需要注册成为网站会员，以注册淘宝会员为例，其具体注册方法如下：

STEP 01　在浏览器地址栏中输入"www.taobao.com"，打开淘宝网，单击页面上方的"免费注册"链接。

STEP 02　在打开的注册页面中填写会员名并设置登录密码，单击"同意以下协议并注册"按钮。

STEP 03 在打开的"验证账户信息"页面中选择所在地区，并输入自己的手机号码，单击"提交"按钮。

STEP 04 接着输入手机收到的验证码，在最后打开的页面中提示注册成功，并告知会员名称与支付宝账户名。

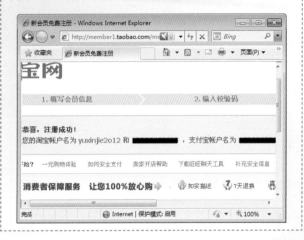

3 | 选择感兴趣的商品

注册成为淘宝会员并登录到淘宝网后，我们就可以从淘宝网中购买自己感兴趣的商品了。在购买之前，可以先对比不同商家的商品，然后从中选择购买。选择商品的方法如下：

STEP 01 在淘宝网首页中单击"登录"链接，进入到会员登录界面，输入淘宝会员名与登录密码，单击"登录"按钮。

STEP 02 返回到淘宝网首页后，在搜索框中输入要购买商品的名称，单击"搜索"按钮。

STEP 03 进入到商品页面后，在页面上方可以对商品的型号、规格进行综合选择，从而进一步筛选出自己需要的商品。

STEP 04 在页面下方将显示出所有符合条件的商品，每条商品信息中包含了商品图片、名称、价格、最近成交数量以及卖家姓名等信息，单击要查看详细信息的商品图片。

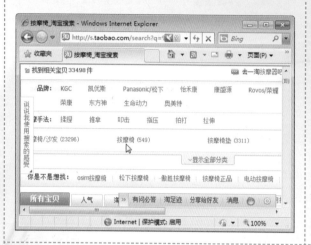

STEP 05 进入到商品页面中，页面上方显示了商品缩略图、价格、运费以及可选规格或型号等信息。

STEP 06 向下拖动垂直滚动条，可以查看当前店铺中针对商品的详细描述等内容，以及商品的实拍图片，从而进一步对当前所选商品有所了解。

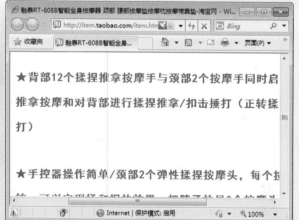

4 购买商品

了解了商品各方面的情况后，如果对商品比较满意，那么就可以购买商品了，购买商品的具体操作方法如下：

STEP 01 在商品页面上方选择要购买商品的规格与数量，单击"立即购买"按钮。

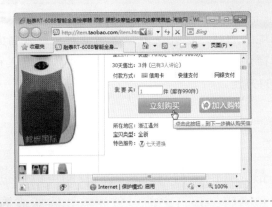

STEP 02 在打开的页面中输入详细的收货人地址、姓名以及联系方式等信息。

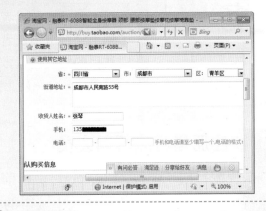

STEP 03 在页面下方选择要采用的邮寄方式并确认支付金额后，单击"确认无误，购买"按钮。

STEP 04 在接着打开的页面中选择支付银行卡所属银行，并单击"下一步"按钮。

STEP 05 在接着打开的页面中显示了应当支付的金额以及网银相关提示信息，确认后单击"登录到网上银行付款"按钮。

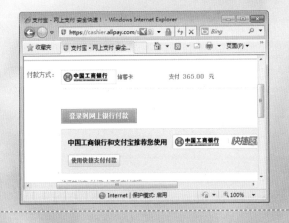

STEP 06 接着将自动转入到对应的网银页面，页面上方显示有订单信息以及需要支付的金额，在下方输入银行卡的支付卡号与密码等信息，单击"提交"按钮，即可使用网银支付购物款。

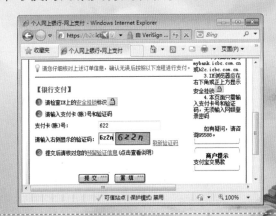

学会网上预订机票酒店

对于爱好旅游或者经常出行的中老年朋友来说，出行之前，可以在网上预订机票或者目的地的酒店，这样就再也不用临时买票或者到达目的地后慌慌张张选择酒店了。下面通过携程旅行网预订机票和酒店，来介绍网上预订的方法。

1 注册携程旅行网会员

携程旅行网 "www.ctrip.com" 是目前服务最完善的出行网站之一，我们可以通过携程旅行网方便地在线预订国内大中城市的机票和酒店，预订之前，首先需要注册成为携程旅行网会员，其具体注册方法如下：

STEP 01 在浏览器中打开携程旅行网站点后，单击页面上方的"注册"链接。

STEP 02 在打开的注册页面中填写个人相关注册信息后，单击页面下方的"同意"按钮。

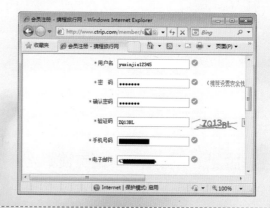

STEP 03 稍后在打开的页面中将告知用户注册成功。

STEP 04 注册完毕后，返回到网站首页并单击"登录"按钮，然后输入用户名与密码即可登录到网站。

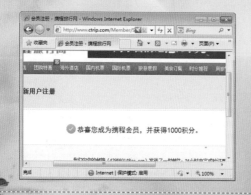

2 | 预订国内机票

注册会员并登录到携程旅行网后，就可以方便地预订到达指定城市的国内机票了，预订方法如下：

STEP 01 在页面中选择"国内机票"选项，在页面中设置出发城市、到达城市、出发日期以及乘客人数等信息，单击"查询航班"按钮。

STEP 02 在打开的页面中显示了所有符合条件的航班信息以及价格。从中选择后单击右侧的"预订"按钮。

STEP 03 在打开的页面中填写乘客的相关信息，注意必须填写准确登机者的真实信息。

STEP 04 在页面下方输入联系人的相关信息。联系人信息是取票时的重要依据，同样需要正确填写。

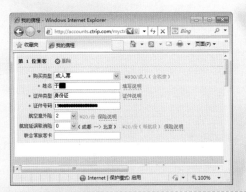

STEP 05 接着选择送票方式以及购票金额的支付方式，通常为"信用卡"或"网上银行"，选择后单击页面最下方的"下一步"按钮。

STEP 06 在接着打开的页面中要求用户确认订票信息，确认无误后，单击"下一步"按钮，进入到网银页面支付费用即可。

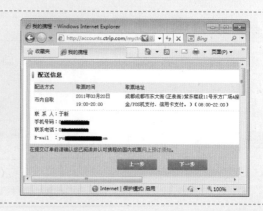

3　预订国内酒店

使用携程旅行网能够预订国内主要大中城市的酒店，而且预订酒店还可以享受到一定程度的优惠，预订方法如下：

STEP 01 在携程旅行网首页选择"国内酒店"选项，在页面中选择目的城市、入住时间范围以及房价范围等，单击"搜索"按钮。

STEP 02 在打开的页面中即显示了符合条件的所有酒店房间信息，包括酒店名称、房间类型以及配套服务等，从中选择房间并单击右侧的"预订"按钮。

STEP 03 在打开的页面中填写入住者的相关信息，联系人名称、联系方式等信息必须填写准确，单击"下一步"按钮。

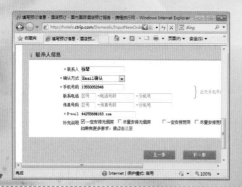

STEP 04 在打开的确认页面中确认酒店预订信息无误后，单击"提交订单"按钮。

STEP 05 在页面中告知预订成功，用户只需在指定时间直接到酒店入住即可。

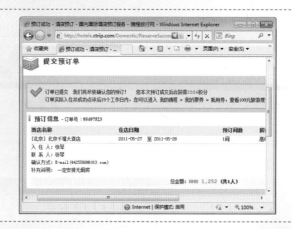

小提示

网络中还有很多提供机票或酒店预订服务的网站，其中也不乏很多诈骗网站。中老年朋友在网上预订时，一定要注意分辨。

互动练习

1. 到天涯社区注册成为会员，并浏览社区中热门的帖子，在浏览帖子的过程中，可以发表自己的回复。

2. 到新浪网申请个人博客，然后对博客页面进行设置并在以后使用电脑过程中，定期发表博客文章。

3. 将自己常用的银行卡开通网银功能，并通过网银查询账户余额。

4. 注册成为淘宝网会员，然后通过淘宝网购买自己需要的商品，第一次网购时，不要购买金额太高的商品。

Chapter Eleven

第11章

使用Word编写文档

任务播报

- ❖ Word 2010的基本操作
- ❖ 在文档中输入与编辑文本
- ❖ 让编排的文档更规范
- ❖ 在文档中编排图表
- ❖ 把编排好的文档打印出来

任务达标

在使用电脑的过程中，必然会编排各种各样的文本内容，这就可以使用专业的编排工具Word来完成。通过对本章的学习，中老年朋友可以认识全新的Word 2010，并了解与掌握使用Word 2010编排文本与打印文档的方法。

了解Word 2010的基本操作

任务目标

1

学习使用Word 2010编排各种所需要的文档之前，我们首先应该认识Word 2010的界面，并了解Word文档的基本操作，包括新建文档、保存文档以及打开文档等。

1 认识Word 2010界面

在"开始"菜单中进入到"所有程序"列表，在"Microsoft Office"子菜单中选择"Microsoft Word 2010"命令，即可启动Word 2010，启动后的界面如下图所示。

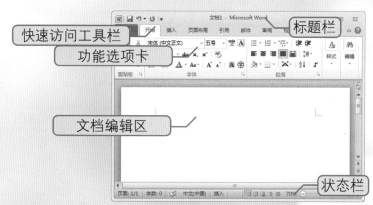

Word 2010的界面主要由快速访问工具栏、标题栏、功能选项卡、文档编辑区以及状态栏几个部分组成。

快速访问工具栏	标题栏
快速访问工具栏中显示一些常用的工具按钮，默认显示的按钮有"保存"按钮 ■、"撤销"按钮 ↺ 以及"恢复"按钮 ↻。我们可以根据使用习惯在快速访问工具栏中添加常用的按钮。	标题栏正中显示当前打开文档的名称，如果是新建的文档，在未保存之前将按"文档1"、"文档2"的顺序显示文档名称。标题栏右侧依次显示"最小化"按钮、"最大化"按钮以及"关闭"按钮。
功能选项卡	文档编辑区
Word 2010中默认包含"文件"、"开始"、"插入"、"页面布局""引用"、"邮件"、"审阅"与"视图"8个功能选项卡，每个选项卡中分组显示不同的功能集合，用鼠标单击选项卡标签，即可切换到对应的选项卡。	文档编辑区用于显示编排的内容，在Word中输入的文本、插入的图片与表格等都将在该区域中显示出来。如果内容超过窗口的显示范围，编辑区右侧和下方就会显示垂直与水平滚动条，拖动滚动条可以显示窗口范围外的内容。

状态栏

状态栏左侧显示当前文档的基本信息，包括页数/总页数、字数以及输入语言以及输入状态等，右侧的滑块用于调整显示比例，按钮用于调整视图方式。

小知识

除了默认显示的功能选项卡外，Word 2010中还有一些隐藏的选项卡，这些选项卡只有在文档中选中特定对象后才会显示，如图片、形状以及表格等。

2 新建空白文档

在Word中编排的所有内容，都是在"文档"中进行的，开始编排内容之前，我们首先需要在Word中新建一个空白文档，新建方法如下：

STEP 01 单击"文件"标签，在打开的菜单中选择"新建"命令，然后双击"空白文档"选项。

STEP 02 此时即可新建一个空白文档，文档名称按顺序依次为"文档1"、"文档2"……

小提示

按下"Ctrl+N"组合键，可以快速创建一个空白文档。

3 把文档保存起来

创建文档并在文档中输入与编排文本后，可以将文档保存到电脑中，这样以后就可以随时查看文档内容，或者对文档内容进行各种编辑与修改了。保存文档的方法如下：

STEP 01 在"文件"菜单中选择"保存"命令。

STEP 02 打开"另存为"对话框，选择保存位置并输入文档的保存名称，单击"保存"按钮。

STEP 03 保存文档后，可以看到标题栏中显示的名称发生了变化。

STEP 04 以后如果需要打开文档，只要进入到保存位置，然后双击文档图标即可。

小提示

按下"Ctrl+S"快捷键，可以快速对文档进行保存。如果之前已经保存过文档，那么再次保存时，就会直接覆盖原有文档，而不会打开"另存为"对话框了。

4　打开已有的文档

在电脑中保存的所有Word文档，当我们需要的时候都可以通过Word打开并查看或编辑文档中的内容，打开已有文档的方法如下：

STEP 01 在"文件"菜单中选择"打开"命令。

STEP 02 在"打开"对话框中选择要打开的文档，单击"打开"按钮。

学会在文档中输入与编辑文本

建立文档后，我们就可以在文档中输入文本内容了。在输入文本的过程中，还可以灵活地使用Word提供的各种编辑功能，让文档的编排更加快速方便。文本的输入与编辑是Word的使用基础，广大中老年朋友有必要全面掌握。

1 | 确定要输入文本的位置

在Word文档中有一个闪烁的竖条，这个竖条称为"光标"，光标所在的位置就是要输入文本的位置。我们在输入文本之前，首先需要确定光标的位置，也就是指明要在文档哪里输入文本。

使用鼠标可以灵活地在文档中定位光标。在文本的编辑范围内，用鼠标单击文档的任意位置，即可将光标移动到该处；如果要定位的文字在编辑范围之外，则只要在目标位置双击鼠标左键，即可将光标定位到指定位置，并且文档中会自动生成空行。

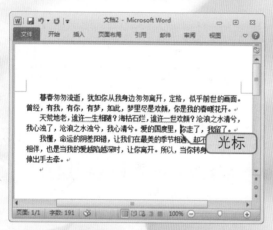

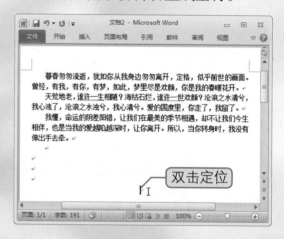

通过键盘上的方向键来上下左右移动光标的位置，按下上下方向键，可以使光标向上或向下移动一行；按下左右方向键，可以使光标向左或向右移动一个字符位置。

2 | 输入中英文字符

在文档中定位了光标位置后，接着就可以输入文本了，在Word中我们可以输入中文、英文字母以及数字，只要切换到对应的输入法然后输入就可以了。在输入过程中，按下回车键可以换行，按下空格键可以输入空字符。下面编排一份通知文档，来了解在Word中输入文本的方法。

STEP 01 新建一个文档，用鼠标双击文档第一行正中处，将光标移动到这里。

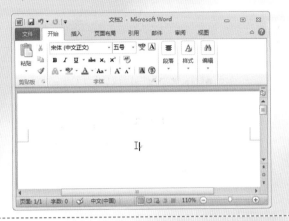

STEP 02 切换到中文输入法，输入文本"活动通知"。

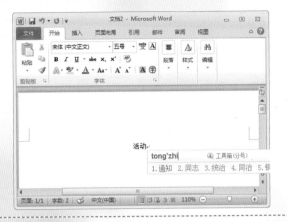

STEP 03 按下回车键换行后，继续输入正文内容，需要另起一段时，按下回车键换行继续输入。

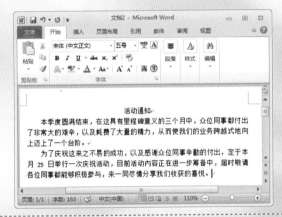

STEP 04 正文输入完毕后，用鼠标双击定位光标到页面右下角，分别输入结尾与日期内容。

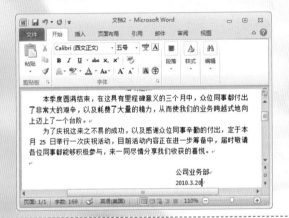

小提示

在英文输入法和中文输入法状态下输入的标点符号是不同的，当我们编排中文文档时，即使文档中偶尔包含了一些英文内容，注意还是应当使用中文标点符号。

3 插入特殊符号

在文档中输入文本时，一些常见的符号，如句号、逗号等，都可以通过键盘上的按键直接输入，但对于一些键盘上没有的符号，如星号★、版权号©等，就需要通过插入的方法来输入。在文档中插入符号的方法如下：

STEP 01 将光标移动到要插入符号的位置，切换到"插入"选项卡，单击"符号"组中的"符号"按钮，选择"其他符号"选项。

STEP 02 打开"符号"对话框，在"符号"选项卡的列表框中选中要插入的符号，单击对话框下方的"插入"按钮。

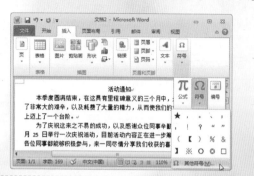

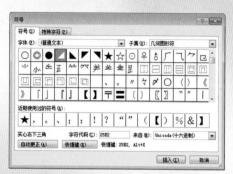

STEP 03 此时即可将符号插入到文档中。

STEP 04 继续插入其他符号后关闭对话框。

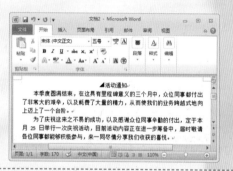

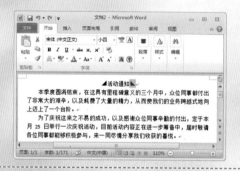

4 选择文档中的文本

在文档中输入文本后，无论对文本进行修改或者格式设置，都需要先选取要进行操作的文本，也就是指明要对哪些文本进行操作。常用的文本选取方法有以下几种：

选取连续文本

将光标移动到要选取内容的起始位置，然后按下鼠标左键向其他方向拖动鼠标，拖动范围内的文本即被选中。

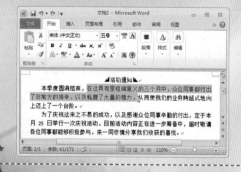

选取词组

在要选取的词组中间双击鼠标左键，即可将该词组选中。

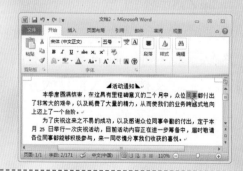

选取一行文本

将鼠标指针移动到行的左侧，当指针形状变为状时，单击鼠标左键，可以选中该行文本。

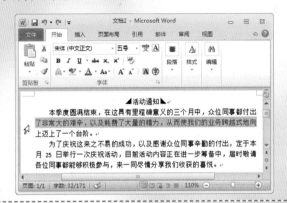

选取一段文本

将鼠标指针移动到行左侧，当指针形状变为状时，双击鼠标左键，可以将该行所在段落全部选中。

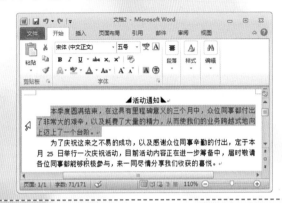

选取不连续文本

在文档中拖动鼠标选定部分文本后，按下【Ctrl】键，然后在文档中的其他任意位置拖动鼠标，即可选取其他不连续的文本。

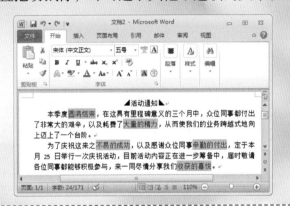

纵向选取文本

按下【Alt】键后，拖动鼠标可以纵向选择文本。纵向选择文本时，需将整个字符全部选中，然后在释放鼠标后才能选定该字符。

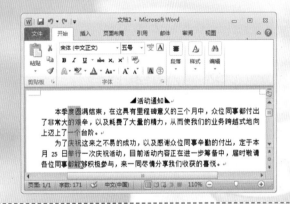

选取多行文本

将鼠标左键移动到行左侧，当指针形状变为状时，向上或向下拖动鼠标，可以选中连续的多行。

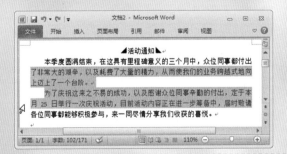

选取整篇文档

将鼠标左键移动到行左侧，当指针形状变为状时，三击鼠标左键，可以选中整篇文档。

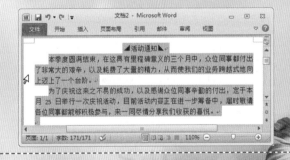

5 修改与删除文本

　　我们在输入文本时，不可避免会输入错字或错词，而且编排文档过程中很多时候也需要对部分内容重新组织。这时就需要对已有的文本进行修改，或者删除不需要的文本。

修改文本	删除文本
拖动鼠标选中文本后，直接输入新的文本，所选文本将会被输入的文本所替换。	按下"BackSpace"键，可将光标左侧的文本逐个删除；按下"Del"键，可逐个删除光标右侧的文本；选中文本后，按下"Del"键，可将所选文本全部删除。

6 快速输入重复内容

　　在编排文档内容的过程中，如果需要输入之前输入过的内容，就可以通过复制的方法来快速输入。即将文档中已有的文本复制一份到新的位置，复制文本的方法如下：

STEP 01　在文档中拖动鼠标选中要复制的文本，单击"剪贴板"组中的"复制"按钮。

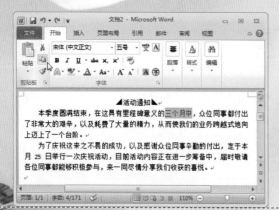

STEP 02　将光标移动到要重复输入文本的位置，单击"剪贴板"组中的"粘贴"按钮。

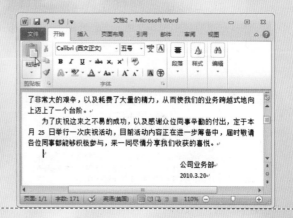

STEP 03 此时即可将所选的文本在新位置复制一份，编排重复较多的文档时，通过复制输入无疑节约了不少时间。

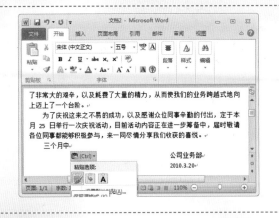

7 | 移动文本在文档中的位置

移动文本就是将指定的文本从一个位置移动到另一个位置，多用于对文档内容进行重组。移动文本的方法如下：

STEP 01 选中要移动的文本，单击"剪贴板"组中的"剪切"按钮。

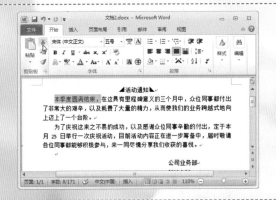

STEP 02 将光标移动到目标位置后，单击"剪贴板"组中的"粘贴"按钮。

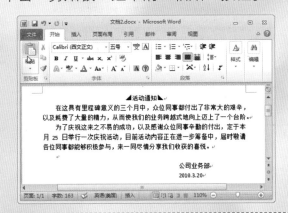

STEP 03 此时即可将所选文本移动到新位置。

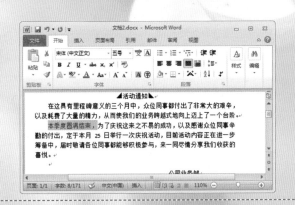

　　移动文本时，可以直接选中文本然后用鼠标拖曳到目标位置，也可以按"Ctrl+X"组合键剪切，然后在目标位置按"Ctrl+V"组合键粘贴。

8 将指定文本替换为其他内容

　　在文档编排过程中，如果需要将一些已经输入的文本（如词组、语句）更改为其他文本，就可以使用Word提供的替换功能来快速替换，方法如下：

STEP 01 将光标移动到文档最开始，单击"编辑"组中的"替换"按钮。

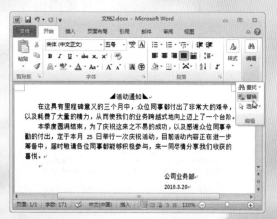

STEP 02 打开"查找和替换"对话框，在"查找内容"框中输入要替换的文本"同事"，在"替换为"框中输入替换后的文本"同仁"，单击"全部替换"按钮。

STEP 03 此时即可将文档中的所有"同事"替换为文本"同仁"。

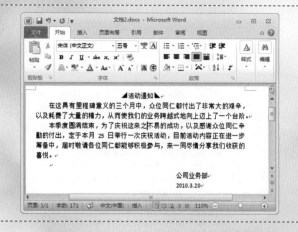

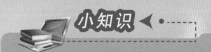
小知识

　　如果我们不需要全部替换，而是选择性替换的话，可以先单击"查找下一处"按钮逐个查找文本，找到要替换的文本后，单击"替换"按钮逐一替换。

让编排的文档更规范

文档内容输入完毕后，接下来我们还可以对文本的格式进行一系列的设置，从而让编排出的文档结构更加规范，更便于阅读与查看。文本格式设置可以分为字体格式与段落格式两个方面，字体格式是针对字符的格式设置，段落格式则是针对整个段落的格式设置。

1 修改字体与字号

字体是指字符的外观样式，如常说的宋体、楷体等；字号则是指字符的大小；字体与字号是基本的字符格式，一篇文档中不同的内容，通常需要设置不同的字体与字号。下面修改"通知"文档中标题与正文的字体与字号格式，方法如下：

STEP 01 选中文档标题"活动通知"，在"字体"组中的"字体"下拉列表中选择"黑体"，更改标题文本字体。

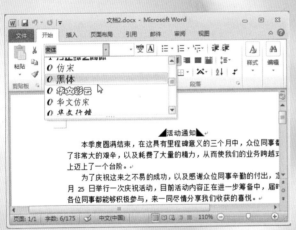

STEP 02 继续选中标题文本，在"字体"组中的"字号"下拉列表中选择"小一"，将标题文本增大显示。

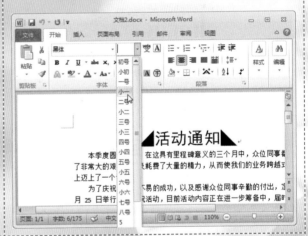

STEP 03 选中所有正文文本，将字体设置为"楷体"、字号设置为"四号"，可以看到更改字体字号后，文档更便于直观查看了。

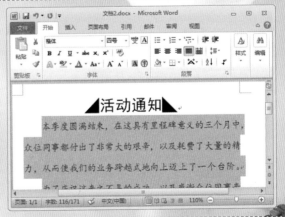

小提示 ◀·

　　Windows 7中只附带了少量的中文字体，如果我们经常编排各种类型的文本，并且要用到更多的字体样式，那么可以在电脑中安装所需的各种字体，安装后就可以直接在"字体"下拉列表中选择并使用了。

2　改变文字颜色

　　在文档中输入的字符颜色默认为黑色，我们可以根据编排文档的需求，来改变文档中指定字符的颜色。设置方法如下：

STEP 01　选中要更改颜色的文本，如文档标题，单击"字体"组中的"字符颜色"按钮，在颜色列表中选择要使用的颜色。

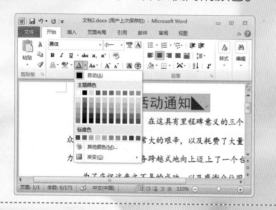

STEP 02　此时即可更改所选文本的颜色，如这里将标题更改为红色，可以看到更改颜色后的标题在文档中显示更加醒目。

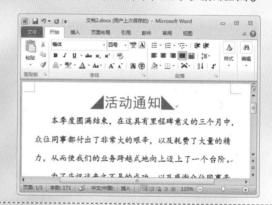

3　调整字符间距

　　字符间距是指文档中每个字符之间的距离，默认的字符间距基本能够满足我们编排各种文档的需求，但在编排一些特殊文档时，往往需要对字符间距进行调整，如将文档标题间距调整得宽一些，调整方法如下：

STEP 01　选中要调整间距的多个字符，单击"字体"组右下角的按钮。

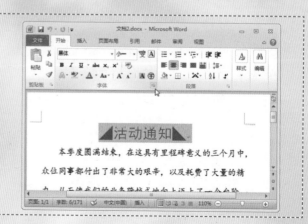

STEP 02 打开"字体"对话框并切换到"高级"选项卡,在"间距"下拉列表中选择"加宽"选项,在后面的"磅值"框中输入"3磅"。

STEP 03 单击"确定"按钮更改字符间距。

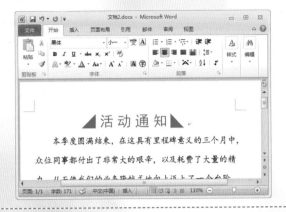

小知识

还有一个无须通过间距设置就能加宽字符之间距离的方法,那就是在每个字符之间输入一个到多个空格。

4 | 调整段落缩进

段落缩进是指文档中段落与页面边缘的距离,包括首行缩进、悬挂缩进、左缩进以及右缩进。日常各种文档中主要是调整首行缩进,如中文习惯为段落首行缩进两个字符。调整方法如下:

STEP 01 选中要调整缩进方式的段落,单击"段落"组右下角的 按钮。

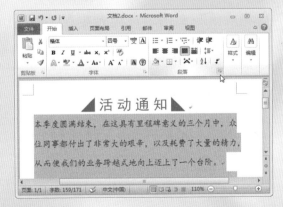

STEP 02 打开"段落"对话框,在"特殊格式"下拉列表中选择"首行缩进"选项,并在后面的"磅值"框中输入"2字符"。

213

STEP 03 单击对话框中的"确定"按钮，即可更改所选段落的缩进方式。

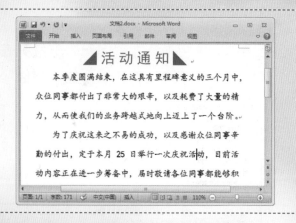

5 调整段落对齐方式

段落对齐方式是指段落在页面中的对齐依据，在Word中段落的对齐方式包括5种，分别为左对齐、居中对齐、右对齐、两端对齐以及分散对齐。如通常文档标题采用居中对齐；正文采用两端对齐，而落款采用右对齐。

调整段落对齐方式时，只要选中相应的段落，然后单击"段落"组中相应的对齐按钮即可。如果要同时调整多个段落，则将段落全部选中。

不同对齐方式的说明如下：

左对齐	两端对齐
将段落与文档的左边界对齐，而不论右侧是否对齐。	段落中除最后一行外，其他行文本的左右两端分别与文档的左边和右边对齐。
居中对齐	右对齐
将段落与文档的中心对齐，而不论两边是否对齐。	将段落与文档的右边界对齐，而不论左侧是否对齐。
分散对齐	 小提示
将段落中所有文本（包括最后一行）的左右两端与文档左右边界分散对齐。	正文段落默认采用"两端对齐"，因此一般无须重新设置。

6 加大段落间距

段落间距是指文档中段落之间的距离，在编排一些结构较为松散的文档时，通常需要增加段落之间的距离，调整方法如下：

STEP 01 选中要调整间距的段落，单击"段落"组右下角的▣按钮。

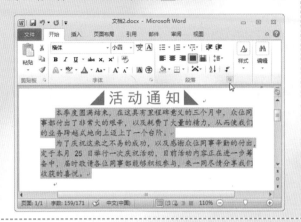

STEP 02 打开"段落"对话框，在"间距"区域中的"段前"与"段后"数值框中分别输入相应的间距值。

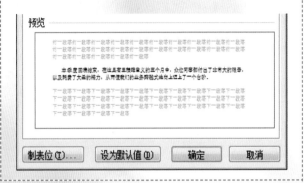

STEP 03 单击"确定"按钮，即可更改段落之间的距离。

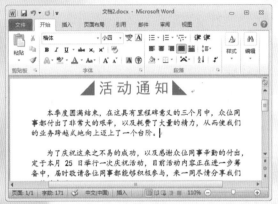

小知识

　　段间距等于上一段落的段后距与当前段落的段前距之和。如上一段的段后距为1行，当前段的段前距为1.5行，那么其段间距就是2.5行。

任务目标 4　学会在文档中编排图表

鼠标，因形似老鼠而得名，是电脑最主要的控制设备，我们在使用电脑的过程中，绝大多数操作都是通过鼠标来完成的。所以在开始学习电脑之前，需要全面了解鼠标，并掌握鼠标的使用方法。

1 | 在文档中绘制形状

　　形状是由线条组成的一些简单图形，主要用于对文档内容进行修饰，或者通过多形状的组合来表现特定内容。在文档中插入形状后，还可以对形状进行各种创意设计，使制作出的图形更加独特。绘制形状的方法如下：

STEP 01 切换到"插入"选项卡，单击"插图"组中的"形状"下拉按钮，在弹出的形状列表中选择要绘制的形状。

STEP 02 鼠标指针将变为+状，按下鼠标左键在文档中拖动鼠标绘制形状，控制拖动范围可以确定所绘形状的大小。

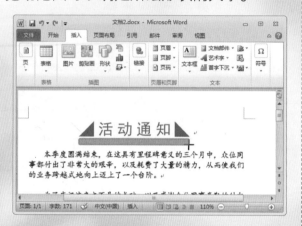

STEP 03 绘制完毕后将自动切换到"绘图工具 格式"选项卡，单击"形状样式"组中的"形状填充"下拉按钮，在颜色列表中选择填充颜色。

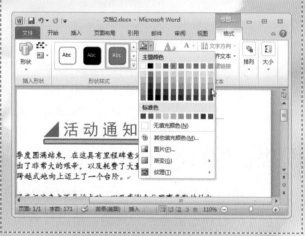

STEP 04 继续单击"形状样式"组中的"形状轮廓"按钮，在列表中选择形状的边框颜色，也可以选择"无轮廓"选项，隐藏形状边框。

2 在文档中插入图片

图片是文档中经常要用到的对象，在很多文档中往往都需要通过图片搭配文字来进行表述，或者使用图片对文档进行修饰。在文档中插入图片的方法如下：

STEP 01 将光标移动到要插入图片的位置，切换到"插入"选项卡，单击"插图"组中的"图片"按钮。

STEP 02 打开"插入图片"对话框，选中要插入的图片文件，单击"插入"按钮。

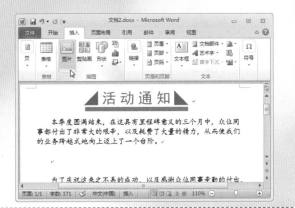

STEP 03 将图片插入到文档中后，用鼠标拖动图片四角的控点调整图片大小。

STEP 04 切换到"图片工具 格式"选项卡，在"图片样式"组中可以选择图片的样式。

小知识

Word提供了非常强大的图片编辑功能，只要选中图片并切换到"图片工具 格式"选项卡，然后通过各个功能组中的功能选项进行设置就可以了。

3　在文档中插入表格

表格也是文档中常用的对象之一，主要用于排列文档中一些罗列的数据信息，在Word中可以非常方便地插入所需的表格，并且对表格进行调整及美化。在文档中插入与美化表格的方法如下：

STEP 01　将光标移动到要插入表格的位置，切换到"插入"选项卡，单击"表格"组中的"表格"按钮，在列表中选择要插入表格的行列数。

STEP 02　打开"插入表格"对话框，输入要插入表格的列数与行数，单击"确定"按钮。

STEP 03　此时即可在文档中插入指定行列的表格。

STEP 04　将光标移动到各个单元格中，并输入相应的内容。

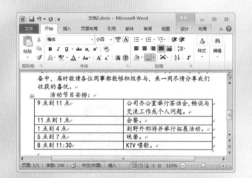

STEP 05　切换到"表格工具 设计"选项卡，在"表格样式"组中选择要采用的样式，为表格应用样式。

小知识

　　这里我们只是介绍了常规表格的使用，在实际编排文档中，往往会遇到各种不规则的表格，这就需要广大中老年朋友进　步学习表格的调整方法。在Word中，通过"表格工具 设计"选项卡可以对表格边框、轮廓等样式进行设计，而通过"表格工具 布局"选项卡，则可以对表格的结构进行各种调整。

任务目标 5 把编排好的文档打印出来

文档编排完毕后，如果要通过打印机将文档打印到纸张上，那么还需要对文档的页面进行相应的设置，包括采用的纸张大小、页面边距以及页眉、页脚与页码等。

1 设置纸张大小

Word默认的纸张大小为A4型号，宽度为21cm、高度为29.7cm。如果打印机采用了其他型号的纸张，就需要打印文档前在Word中进行相应设置。设置纸张大小的方法有以下两种：

选择预设规格

Word 2010中预设了常用纸张的型号，如A4、B5等，如果打印机采用相同规格的纸张，那么只要单击"页面设置"组中的"纸张大小"按钮，在弹出的列表中进行选择即可。

自定义大小

如果打印机采用其他规格的纸张，则在"纸张大小"列表中选择"其他页面大小"选项，在打开的"页面设置"对话框中自行输入纸张的高度与宽度，并单击"确定"按钮。

2 调整页边距

页边距是指文档内容与纸张边缘之间的距离，页边距可以控制页面中文档内容的宽度和长度，合理设置页面边距，可以让打印出来的文档更加清晰并便于阅读。设置页边距的方法有以下两种：

选择预设边距

　　Word 2010中提供了多种预设的页边距方案，基本上可以满足多数用户的需求。在"页面布局"选项卡中单击"页面设置"组中的"页边距"下拉按钮，在弹出的列表中进行选择即可。

自定义边距

　　在"页边距"下拉列表中选择"自定义边距"命令，将打开"页面设置"对话框，在"页边距"选项卡中的"页边距"栏中输入相应的上、下、左、右边距值，单击"确定"按钮即可。

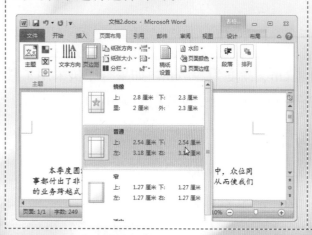

小提示

　　在窗口中显示出标尺后，也可以通过拖动标尺来直观地调整页面边距，不过对于中老年朋友来说，选择或直接设置页边距相对来说更加简单一些，而且也不会出现操作失误。

3　添加页眉与页脚

　　页眉和页脚分别是指在文档页面顶部和底部添加的相关说明信息，通常用于一些篇幅较长的文档中。为页面添加页眉和页脚时，必须先切换到页眉和页脚编辑状态，添加方法如下：

STEP 01 切换到"插入"选项卡，单击"页眉和页脚"组中的"页眉"下拉按钮，在弹出的列表中选择一种页眉样式。

STEP 02 此时将切换到页眉与页脚编辑状态，在页眉位置输入相应的页眉信息，单击"转至页脚"按钮。

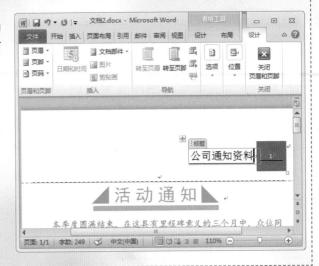

STEP 03 切换到页脚编辑区域，然后输入相应的页脚信息，并按照设置文本格式的方法设置页脚文本格式。

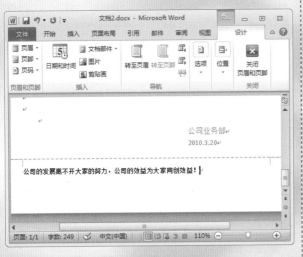

STEP 04 页眉与页脚信息输入并编辑完毕后，单击"关闭"组中的"关闭页眉和页脚"按钮，返回到正文编辑状态。

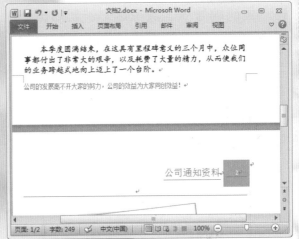

4 插入页码

如果文档中包含很多页面，那么为了打印后便于排列和阅读，就需要为文档添加页码。在Word中，可以选择页码在页面中的位置，以及页码的样式。插入页码的方法如下：

STEP 01 切换到"插入"选项，单击"页眉和页脚"组中的"页码"下拉按钮，在弹出的菜单中指向"页面底端"选项，在弹出的子列表中选择页码样式。

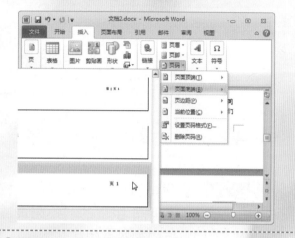

STEP 02 此时即可在页面指定位置插入所选样式的页码，并自动显示"页码工具 设计"选项卡，单击"页码"下拉按钮，选择"设置页码格式"命令。

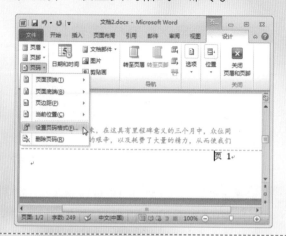

STEP 03 打开"页码格式"对话框，在"页码编号"区域中选中"起始页码"选项，并在后面的数值框中输入起始页码值。

STEP 04 完毕后单击"确定"按钮，即可更改文档的起始页码，双击正文区域退出页码编辑状态，即可看到添加页码后的效果了。

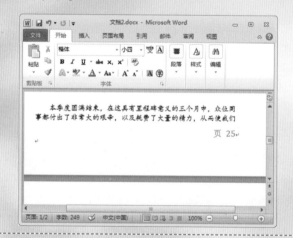

5　打印文档

　　文档编排完毕，并对页面进行设置后，接下来就可以通过打印机将文档打印出来了，打印之前，我们还可以先预览文档的最终打印效果，并对打印选项进行设置。

　　在"文件"菜单中选择"打印"命令，将显示出打印选项界面，界面右侧显示文档的打印预览效果，中间显示一系列打印选项，包括打印份数、打印页数等。设置打印选项后，单击"打印"按钮，即可开始打印文档。

互动练习

在电脑中编排一份散文，在文档中插入一幅图片作为文字的背景，增强文章的表现氛围。

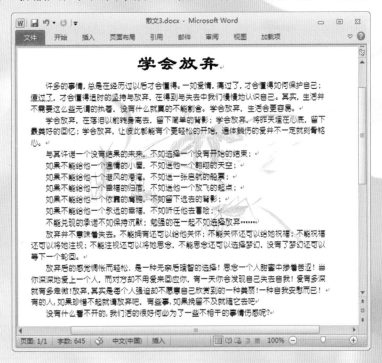

Chapter Twelve

第12章 使用Excel制作电子表格与图表

任务播报

- ❖ Excel 2010基本操作
- ❖ 编排家庭收支表
- ❖ 计算每月日常开支
- ❖ 美化家庭收支表
- ❖ 简单分析数据
- ❖ 用图表分析家庭收支状况

任务达标

日常生活中随时都要接触到各种数据与账目，这就可以使用专门的表格制作工具Excel来实现。通过对本章的学习，中老年朋友可以了解并掌握使用Excel 2010制作数据表以及对数据表进行计算与分析的方法，从而有效管理自己的各种账目。

了解Excel 2010基本操作

开始学习Excel 2010之前，我们首先需要了解Excel中的基本概念、认识Excel的工作界面以及掌握Excel的基本操作。只有这样才能更加有效地学习并使用Excel的其他功能，最终制作出自己需要的各种数据表格。

1　了解Excel中的基本概念

Excel中包含三个非常重要的概念，分别为工作簿、工作表以及单元格，我们在学习Excel时，必须了解并区分这三者的关系。

工作簿

工作簿是处理和存储Excel数据的文件，每个工作簿可以包含多张工作表，每张工作表可以存储不同类型的数据，因此可在一个工作簿文件中管理多种类型的相关信息。

单元格

工作表中的行线和列线将整个工作表划分为一个个格子，这些格子便称为单元格。工作表中的文字、数据等都是在这些单元格中进行输入与编辑的，单元格是工作表中存储数据的基本单位。

工作表

工作表是Excel用来存储和处理数据的单位，其中包括排列成行和列的单元格，它是工作簿的一部分，通常称作电子表格。

　　一个工作簿中可以包含255张工作表，而一个工作表中可以包含的单元格数量是没有限制的。

2　认识Excel 2010界面

Excel 2010的窗口布局与Word 2010很多位置都相近，同样包括快速访问工具栏、标题栏、功能选项卡、状态栏等，但由于两者功能不同，因此窗口操作区域有些明显的差别，下面我们来认识一下Excel 2010窗口界面的不同之处。

名称框	编辑栏
用于显示所选单元格的名称。当用户选择某一个单元格后，即可在名称框中显示出该单元格的行号与列标。	用于显示当前活动单元格中的内容或正在编辑单元格中的内容。

行号	**列标**
一组代表行编号的数字，便于用户快速查看与编辑行中的内容。行号范围为1~65536，单击行号可选取整行。	一组代表行编号的字母，便于用户快速查看与编辑列中的内容。列标范围为A~XFD。单击列标可以选取整列。
工作表标签	**表格编辑区**
用于显示工作表的名称。工作表可以添加、删除，并且可以名称重命名工作表。单击工作表标签将激活相应的工作表。当工作簿中含有较多的工作表时，单击标签左侧的滚动按钮进行选择。	窗口中的表格区域，用户所输入与编排的各种数据都将显示在表格区域中。

3 新建、保存与打开工作簿

工作簿是用户存储Excel数据的文件，我们在使用Excel制作各种表格之前，首先需要掌握工作簿的基本操作，主要包括新建工作簿、打开工作簿以及保存工作簿等。

新建工作簿

启动Excel 2010后，程序会自动创建一个空白工作簿以供用户在其中编辑，我们也可以根据需要继续新建一个或多个工作簿。新建工作簿的方法如下：

STEP 01 在"文件"菜单中选择"新建"命令，然后双击右侧界面中的"空白工作簿"选项。

STEP 02 此时即可新建一个空白工作簿，标题栏中按次序显示新建的工作簿名称"工作簿2"。

保存工作簿

创建工作簿并编排数据后，可以将工作簿以文件的形式保存到电脑中，以备日后调用或查看其中的数据。保存工作簿的方法如下：

STEP 01 在"文件"菜单中选择"保存"命令，打开"另存为"对话框，输入文件名称并选择保存位置。

STEP 02 单击"保存"按钮，即可将工作簿文件保存到电脑中，同时标题栏中显示的工作簿名称也发生了变化。

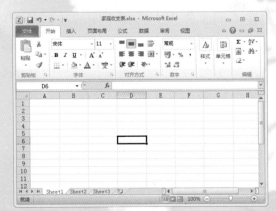

打开工作簿

对于电脑中已有的工作簿文件，可以在Excel 2010中将其打开后进行查看或编辑。打开工作簿的方法有以下两种：

通过Excel打开文件	直接打开文件
在"文件"菜单中选择"打开"命令，在"打开"对话框中选择工作簿文件后，单击"打开"按钮，即可在Excel中打开工作簿文件。	打开"计算机"窗口并进入到工作簿文件的保存目录，用鼠标双击工作簿文件，即可启动Excel并打开工作簿。

4 工作表的基本操作

Excel中输入与编辑数据操作，都是在工作簿中的每一张工作表中进行的，我们在编排数据时，要涉及很多针对工作表的操作，包括切换工作表、插入工作表、删除工作表以及重命名工作表等。

切换工作表

Excel工作簿可以包含多张工作表，但工作簿在窗口中只能同时显示一张工作表。当需要在不同工作表中编排不同的数据时，就涉及在各个工作表之前进行切换。工作簿窗口的左下角显示有与工作表数目相同的工作表标签"Sheet1"、"Sheet2"、"Sheet3"……单击某个标签，即可切换到对应的工作表。

插入工作表

一个工作簿中默认包含3张工作表，当默认的工作表不足以编排更多数据表时，就可以在工作簿中插入空白工作表，插入工作表的方法有以下几种：

单击"插入工作表"按钮	选择"插入工作表"命令
用鼠标单击工作表标签右侧的"插入工作表"按钮，即可在当前工作表之后插入一张空白工作表。	用鼠标右键单击工作表标签，在弹出的快捷菜单中选择"插入"命令，即可插入一张空白工作表。
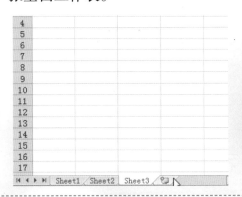	

删除工作表

　　删除工作表即将多余的工作表从当前工作簿中删除，当我们只需要在一个工作簿中编排一个数据表时，就可以将多余的工作表删除。要删除某张工作表，只要用鼠标右键单击工作表标签，在弹出的快捷菜单中选择"删除"命令即可。如果要删除的工作表中包含数据，那么还会弹出提示框提示将连同数据一起删除。

重命名工作表

　　Excel默认的名称工作表为"Sheet1"、"Sheet2"、"Sheet3"等，在工作表中编排内容后，可以根据工作表中的内容为工作表设置关联的名称，从而通过工作表标签即可判断出工作表中的内容，修改工作表名称的方法如下：

> **STEP 01** 用鼠标右键单击要修改名称的工作表标签，在弹出的快捷菜单中选择"重命名"命令。

STEP 02 工作表名称变为可编辑状态，直接输入新的名称后，单击窗口任意位置即可。

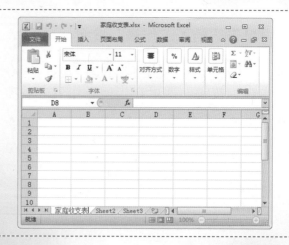

任务目标 2 编排家庭收支表

了解了Excel的基本操作后，接下来就可以在工作表中编排自己需要的数据表了，数据表的编排过程也就是在工作表中输入数据的过程，在Excel中可以方便地输入数据，并且对数据进行各种编辑操作。

1 在单元格中输入数据

建立数据表的第一步，就是将数据输入到工作表的各个单元格中，使数据组成一个完整的表格。在单元格中输入数据的方法如下：

STEP 01 单击要输入数据的单元格，如C1，输入数据表标题"家庭收支表"。

STEP 02 继续用鼠标单击其他单元格，依次输入数据表的序列标题。

小知识

在输入数据的过程中，可以通过键盘上的方向键来移动选择单元格，这在输入连续数据的过程中会更加方便。

2　快速输入重复或规律数据

编排过程中，往往需要输入很多重复的数据，或者具有一定规律的数据，在Excel中输入这类数据时，无须逐个手动输入，而是可以采用填充方式来快速输入。填充序列或重复数据的方法如下：

STEP 01 在"家庭收支表"中的A3单元格中输入"1月"，然后将指针移动到单元格右下角的填充柄上。

STEP 02 按下鼠标左键向下拖动填充柄到A14单元格后松开鼠标按键，即可快速在A4：A14单元格中输入2月到12月。

STEP 03 在B3单元格中输入文本"工资"，拖动填充柄到B14单元格。

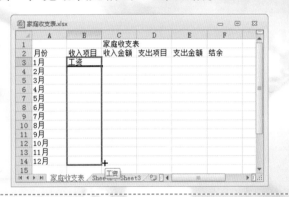

STEP 04 松开鼠标按键后，即可快速在B4：B14单元格中复制输入文本"工资"。

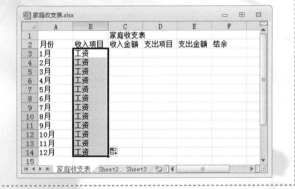

小提示

填充输入数据时，Excel会自动根据原单元格中的数据判断是采用序列填充还是复制填充。通常情况下，数值将采用序列填充，而文本采用复制填充。

3　输入特殊格式的数据

编排Excel数据表格时，经常需要输入一些特殊格式的数据，如百分比、分数、科学计数、日期时间以及带货币单位的数字等。输入这些数据时，可以先为单元格设置数据格式，然后输入普通数字，输入的数据就会自动采用所设置的格式。

下面输入货币数据，方法如下：

STEP 01 拖动鼠标选中工作表中要输入货币数据的单元格区域，在"数字"组中的下拉列表中选择"货币"选项。

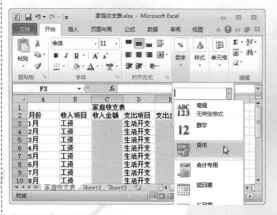

STEP 02 在设置了货币格式的单元格中输入相应的数据（货币格式单元格中只能输入纯数据数值）。

STEP 03 输入完毕后，选择其他单元格，即可看到输入的数据会自动应用所设置的货币格式。

STEP 04 按照同样的方法，在其他单元格中输入相应的数据，输入完毕后，一份规范的数据表就基本编排完成了。

小提示

设置数据格式时，也可以先在工作表中输入数据，然后选中要更改格式的数据所在单元格区域，并从"数字"下拉列表中选择数字格式。

4 复制单元格

在编排数据表的过程中，如果需要在不连续的单元格中输入重复的数据，那么可以通过复制功能来快速输入。尤其在编排数据量较大的数据表时，灵活使用复制功能可以大幅度提升编排速度。复制单元格的方法如下：

STEP 01 选中要复制数据所在的单元格，单击"剪贴板"组中的"复制"按钮复制数据，数据所在单元格会显示闪动的虚框。

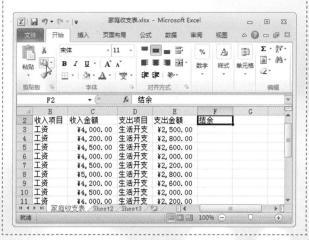

STEP 02 选中要输入的单元格，单击"剪贴板"组中的"粘贴"按钮，即可将复制数据粘贴到单元格中。

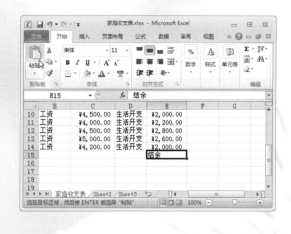

5　删除数据

输入数据过程中如果输入了错误的数据，或者数据表中某些数据不再需要用到，就可以将数据从单元格中删除。

删除部分数据

用鼠标双击数据所在单元格，将光标切换到单元格中，然后拖动鼠标选中要删除的数据，按下"Delete"键。

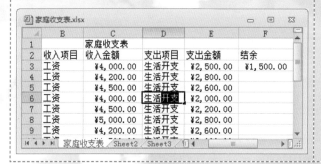

删除全部数据

单击选中数据所在单元格，按下"Delete"键即可将单元格的数据删除。

任务目标 3 计算每月日常开支

Excel提供了强大的数据计算功能，我们可以对数据表中的数据进行各种需求的计算。计算数据的方法有两种：一种是通过公式进行常规计算；另一种是通过函数进行特定计算。

1 在单元格中输入公式

公式就是指我们日常的计算公式，如加、减、乘、除等。Excel中公式的使用方法有些不同。如计算"4000-2500"时，我们采用的公式为"4000-2500="，而在Excel中则表示为"=4000-2500"。公式的输入方法如下：

STEP 01 选中F3单元格，输入公式"=4000-2500"，此时编辑栏中同样显示输入的公式。

STEP 02 输入完毕后，按下回车键，即可在单元格中显示计算结果，而编辑栏中依旧显示计算公式。

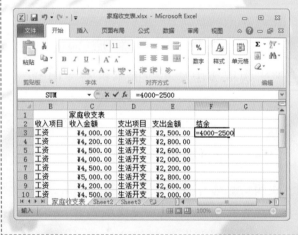 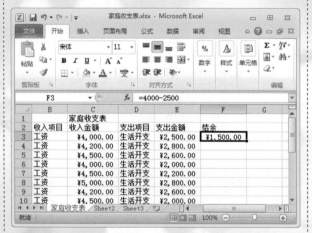

2 在公式中引用单元格

由于要计算的数据我们已经都输入到了数据表中，使用公式时如果再重复输入数据，不但操作起来比较烦琐，而且也容易出错。在Excel中，可以通过引用单元格的方法来计算单元格中的数据，如公式"=4000-2500"，数据"4000"所在单元格为"C3"；数据"2500"所在单元格为"E3"，那么公式就可以为"=C3-E3"，也就是计算C3单元格数据减去E3单元格数据的结果。下面来看看引用单元格计算数据的方法：

STEP 01 选中F3单元格，输入符号"="，用鼠标单击"C3"单元格，即可在公式中输入C3。

STEP 02 继续输入符号"−"，用鼠标单击E3单元格，在公式中输入E3。

STEP 03 按下回车键，即可在单元格中显示计算结果，而编辑栏中依旧显示公式。

STEP 04 如果要查看或修改公式，只要双击公式所在单元格，即可显示出公式了。

STEP 05 拖动F3单元格填充柄到F14单元格，即可计算出每月结余。

小提示

　　拖动填充公式时，公式中所引用的单元格将随着目标单元格的变化而变化，如拖动F3单元格中的公式"=C3-E3"到F4单元格，公式将相应变为"=C4-E4"。

3 函数的使用

函数是Excel中一些预定的公式，Excel提供了大量的函数，这些函数涉及许多工作领域，如财务、工程、统计、数据库、时间、数学等。下面以使用求和函数"SUM"计算数据之和为例，方法如下：

STEP 01 选中单元格F15，切换到"公式"选项卡，单击"函数"组中的"自动求和"按钮，选择"求和"选项。

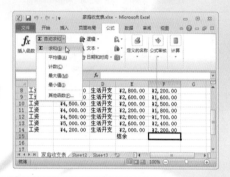

STEP 02 此时即可在F15中插入求和函数"SUM"，括号中的"F3：F14"，表示计算F3到F14单元格中的数据之和。

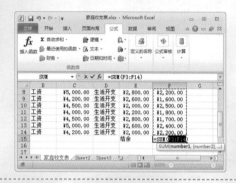

STEP 03 输入完毕后，按下回车键，即可在单元格中显示计算结果，而编辑栏中显示参与计算的函数。

函数参数就是用于计算的数据，有时候插入函数后，我们需要对参数进行手动修改。这种情况多见于参与计算的数据不在连续的单元格中。

任务目标 4 美化家庭收支表

数据表编排完毕后，为了使表格结构更加清晰以及更便于查看数据，通常需要对数据表进行一定的美化与修饰。包括设置数据的字体格式、添加表格边框与底纹，以及使用Excel中预设的表格样式等。

1　设置数据字体格式

字体格式就是指字符的外观样式，常用的设置主要是字体与字号，设置单元格数据字体时，需要选中单元格后分别选择字体与字号。设置方法如下：

STEP 01 选中工作表的表格标题"家庭收支表"，在"字体"组中的"字体"下拉列表中选择"黑体"，更改标题字体。

STEP 02 继续选中表格标题，在"字体"组中的"字号"下拉列表中选择要采用的字号，如"18"，即可更改标题字号，字号增大后所在行的高度会自动增加。

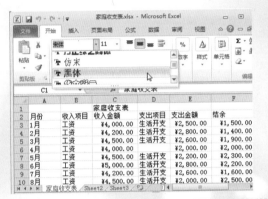
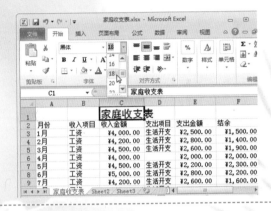

2　显示表格边框

我们在Excel中编排数据时，工作表中显示的行线与列线称为网格线，这些线条只是为了方便我们编排数据而显示的，在打印数据表时并不会显示出来。因此对于将要打印的表格，必须将数据表所在单元格区域的行列线显示出来。显示方法如下：

STEP 01 选中整个数据表区域（不包括表格标题），单击"字体"组中的"边框"下拉按钮，在列表中选择"所有框线"命令。

STEP 02 此时即可将数据表区域的行列线显示出来，打印表格后，就可以更加直观地查看表格中的数据了。

3 添加单元格底纹

单元格底纹是指单元格的背景颜色，合理为数据表中的单元格设置底纹，能够突出数据表重点，并且使表格数据显示更加直观。设置方法如下：

STEP 01 选中要设置底纹的单元格区域A2：F2，单击"字体"组中的"底纹"下拉按钮，在颜色列表中选择要采用的底纹颜色。

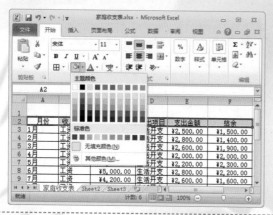

STEP 02 此时即可为所选单元格区域添加底纹，选择底纹时，不要选择太深的颜色，否则会影响到文字的查看。

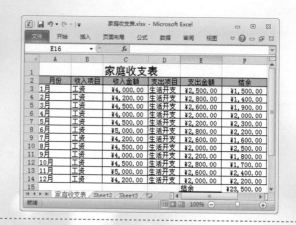

4 套用表格样式

Excel中提供了丰富的表格样式，当编排表格数据后，我们可以直接为表格套用所需的样式，从而快速制作出精美专业的数据表。套用表格样式的操作方法如下：

STEP 01 选中要套用样式的数据表区域，单击"样式"组中的"套用表格样式"下拉按钮，在列表中选择要套用的样式。

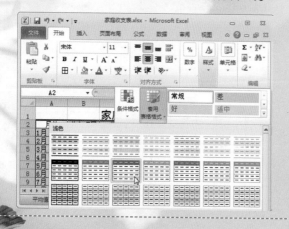

STEP 02 打开"套用表格式"对话框，由于之前已经选定了表格区域，因此这里直接单击"确定"按钮。

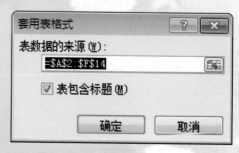

STEP 03 此时即可为所选数据表区域套用表格样式，同时对表格进行自动筛选。

STEP 04 切换到"数据"选项卡，单击"排序和筛选"组中的"筛选"按钮，取消自动筛选。

任务目标 5　掌握简单分析数据

建立数据表后，我们在浏览与统计数据的过程中，还可以使用Excel提供的数据分析功能对数据表中的数据进行各种分析。对于日常数据表格而言，常用的分析功能主要有数据排序与筛选。

1　规律排序数据

在工作表中输入数据时，所有数据都是我们随机输入的，缺乏规律性与条理性，为了使工作表中的数据排列更加直观有序，便于我们查看与分析，可以将数据按照一定规律进行排序。常用的排序方式主要为升序或降序，方法如下：

STEP 01 在数据表中选择要排序序列中的任意一个单元格，如按"结余"排序，则选中F列中的任意一个数据单元格。

STEP 02 单击"排序和筛选"组中的"升序"按钮，即可将"结余"一列中的数据按照升序进行排列。

2 筛选符合条件的数据

筛选数据就是将数据表中满足指定条件的记录显示出来，而将不满足条件的记录隐藏。在查看或分析数据表时，通过数据筛选功能可以更加方便地查看数据。下面筛选"家庭收支表"中"结余"金额大于"2000"的数据，方法如下：

STEP 01 选中数据表中的任意一个单元格，切换到"数据"选项卡，单击"排序和筛选"组中的"筛选"按钮。

STEP 02 单击"结余"单元格中的下拉按钮，在列表中选择"数字筛选/大于"选项。

STEP 03 打开"自定义自动筛选方式"对话框，在"大于"数值框中输入"2000"，单击"确定"按钮。

STEP 04 此时即可将"结余"大于2000的数据显示出来，而将小于2000的隐藏。

用图表分析家庭收支状况

任务目标 6

Excel中的图表用于将数据表中的数据以图例的方式显示出来，从而方便我们更加直观地分析数据的趋势与统计数据。当创建数据表后，需要进一步分析数据时，就可以通过数据表来创建图表。

1 创建数据图表

Excel中提供了多种不同类型的图表，不同类型的图表用于表示的数据趋势也不同，我们可以根据需要来选择适合的图表。创建图表的方法如下：

STEP 01 选中要用于创建图标的数据系列，这里选择"月份"与"支出金额"系列。

STEP 02 切换到"插入"选项卡，在"图表"组中单击"柱形图"下拉按钮，选择要采用的图表样式。

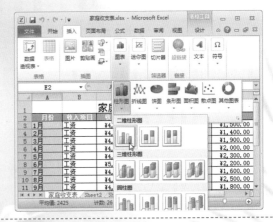

STEP 03 此时即可创建一份关于每月支出金额的分析图表，从图标中可以直观地对比出每月支出情况。

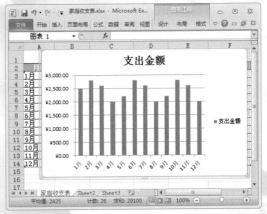

小提示

通过比较复杂的数据表创建图表时，需要在数据表中选择用于创建图表的数据区域，通常来说，必须要选择一个列标题与行标题。如这里列标题为"支出金额"，而行标题为"月份"。

2 更改图表样式

在工作表中插入图表后，还可以对图表的样式进行设计，从而使制作出的图表更加

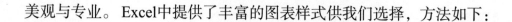

美观与专业。Excel中提供了丰富的图表样式供我们选择，方法如下：

STEP 01 单击选中整个图标，切换到"图表工具 设计"选项卡，在"图标样式"组中选择要采用的样式。

STEP 02 此时即可为图表应用所选样式。如果对样式不满意，可以按同样的方法更换其他样式。

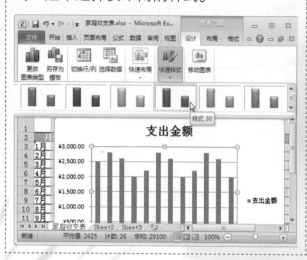

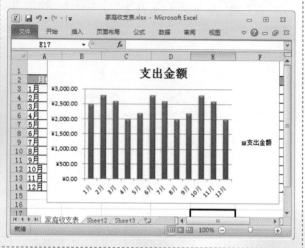

3　更改图表布局

图表布局是指图表中数据系列的分布方式，插入指定类型的图片后，可以对图表的布局进行调整，从而增强图表的展现效果。更改布局的方法如下：

STEP 01 选中整个图标，在"图表布局"组中选择要采用的布局。

STEP 02 此时即可更改图标的布局方式。

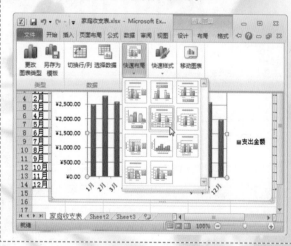

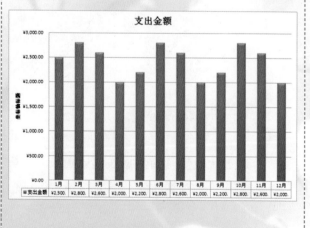

互动练习

1. 编排一份汽车销售统计表，并计算出每个地区的总销售量。
2. 根据编排的数据表创建一份图表，分析各个地区的销售情况。

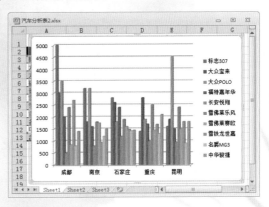

Chapter Thirteen

第13章

电脑安全与日常维护

任务播报

- ❖ 养成良好的电脑使用习惯
- ❖ 做好系统维护工作
- ❖ 使用Windows自带的安全功能保护电脑
- ❖ 用360安全卫士建立安全的保护屏障
- ❖ 使用杀毒软件查杀电脑病毒

任务达标

对电脑进行有效的维护，不但能够延长电脑的使用寿命，而且还可以降低电脑故障的发生。通过对本章的学习，中老年朋友可以掌握电脑软硬件的维护方法，以及如何有效提升电脑的安全性。

养成良好的电脑使用习惯

中老年朋友在使用电脑的过程中，应当养成良好的使用习惯。只有这样才能让电脑保持良好的工作状态，降低电脑故障的发生几率。这主要可以概括为使用环境、操作习惯以及定期对硬件的清洁三个方面。

1　保持洁净的使用环境

电脑的使用环境是否良好，对电脑寿命影响是非常大的，提供一个良好的工作环境，不但能够让电脑更好地发挥性能，而且能有效降低电脑故障的发生。电脑的使用环境可以概括为以下几个方面。

环境温度

电脑理想的工作温度应在10~35℃，太高或太低都会影响元件的寿命。如果条件允许，可以在电脑使用房间内安装空调设备，以保证其温度的调节。另外，无论是机箱还是显示器，背面都留有散热孔，因此不应当将机箱或者显示器背面太过靠近墙壁或者其他遮挡散热的物体。

环境湿度

电脑理想的工作环境湿度应为30%~80%，湿度太高会影响元件的性能发挥，甚至引起一些元件的短路。在夏天雨季等天气较为潮湿的时候，最好每天能够使用电脑，或者让电脑保持在通电状态下一段时间。如果电脑长时间不用的话，会因为潮湿或灰尘等原因引起元件的损坏。

环境洁净度

一个洁净的使用环境，对电脑来说是非常重要的。使用环境洁净与否，主要是针对环境中的灰尘而言。如果大量灰尘落在电脑硬件上，日久就会腐蚀各元件的电路板或者导致短路，而且电脑长期运行过程中，风扇以及电路板都会吸附灰尘。因此对电脑定期进行清洁工作是很重要的。

电磁干扰

电脑的存储设备主要介质是磁性材料，如果电脑周边的磁场较强，可能会造成存储设备中的数据损坏甚至丢失，显示器出现异常的抖动或者偏色等状况。所以电脑的周边应尽量避免摆放一些产生电磁波较大的设备，如大功率的音箱、电机等，以避免电脑受到干扰。

稳定的电源

如果使用的是笔记本电脑，除了注意上述因素外，还应当注意使用过程中避免大幅度移动以及磕碰电脑，以及合理使用电池以延长使用寿命。

电脑对电源也有要求。交流电正常的范围应在220 V±10%，频率范围是50 Hz±5%，并且具有良好的接地系统。如果使用环境中电压不是很稳定，那么在具备条件的情况下，可以用UPS来保护电脑。

2 保持洁净的使用环境

我们使用电脑的习惯，也对电脑的使用寿命以及故障频率有着较大的影响。下面介绍一些电脑用户的使用习惯建议，中老年朋友可在使用电脑过程中灵活采纳。

正确开关机

开机时应先打开外部设备电源，最后才打开主机，以防止电流对主机的损伤；关机正好与开机的顺序相反，首先退出系统关掉主机电源，再关闭外部设备电源，并且不要频繁地开关电脑。

避免强行关机

电脑工作中，硬盘工作指示灯亮时，表示硬件正在读写数据，此时如果突然断电容易损伤盘面，造成数据丢失。因此除了死机或系统无响应的情况时，其他情况尽量避免强行关机。

正确擦拭电脑

机箱表面可以用拧干的湿布擦拭；键盘、显示器或鼠标等最好不要用水擦拭，以免有水流入电脑中或使电脑产生锈蚀，建议使用专用的电脑清洁膏或无水酒精。

爱护鼠标与键盘

按键时不能过分用力，否则容易使按键的弹性和灵敏度降低；使用PS/2接口的鼠标和键盘最好不要进行热插拔操作；在使用鼠标和键盘的过程中要注意防水。

正确使用光驱和光盘

光驱属于易磨损的驱动器，应尽量避免使用一些劣质的光盘；光盘不要长时间放置在光驱中，避免系统每次开机时都会读取光盘的内容；光盘指示灯亮时，不要从光驱中取盘，以免损伤盘面及光驱光头。

保持电脑的整洁

在使用电脑的过程中，最好不要抽烟、吃零食或者在电脑周围摆放液体，这样很容易在键盘上留下很多污渍与渣屑，时间久了就会影响到键盘的正常使用，如果不慎将液体倾倒在电脑上，可能还会损坏硬件。

3 | 定期清洁电脑硬件

长期使用电脑的过程中，电脑的各个硬件设备上会逐渐聚集一些灰尘，大量的灰尘也会影响电脑的正常运行并引发各种故障，因此我们也应该定期对电脑进行清洁，下面介绍主要电脑硬件的清洁方法。

显示器的清洁

显示器是电脑重要的输出设备，用户与电脑的交流也是通过显示器进行的，显示器在使用一段时间之后，屏幕上都会吸附一层灰尘，有时还会粘上各种水渍。这时需要关闭显示器的电源并取下电源线插头和显卡连接线插头，使用专门的清洁工具对屏幕进行擦拭。

CPU与主板的清洁

CPU与主板是电脑的核心硬件，电脑使用时间久了之后，首要工作就是对CPU和主板进行除尘，避免积聚太多灰尘导致CPU风扇出现问题，或者主板电路被腐蚀。CPU、内存条、显卡等重要部件都是插在主板上的，如果主板上的灰尘过多，就有可能导致主板与各部件之间接触不良，可以使用比较柔软的毛刷清除主板上的灰尘。

内存的清洁

内存的维护主要是对金手指的维护，可以定期对金手指进行清洗，清洁金手指时可使用橡皮擦来擦除金手指表面的灰尘、油污或氧化层。另外在扩充内存的时候，尽量要选择和以前品牌、外频一样的内存条来和以前的内存条搭配使用，这样可以避免系统运行不正常等故障。

任务目标 2 做好系统维护工作

随着使用电脑时间的延长，电脑中的文件也会越来越多，太多的文件不但会占据大量的磁盘空间，而且也会影响到电脑读取数据的速度，使电脑运行变慢。因此我们应当定期对系统磁盘进行维护。

1 | 清理磁盘中的无用文件

电脑使用过程中会产生很多的临时文件，当电脑使用一段时间后，就需要对系统磁盘进行清理，其具体操作方法如下：

STEP 01　用鼠标右键单击要清理的磁盘，在弹出的快捷菜单中选择"属性"命令。

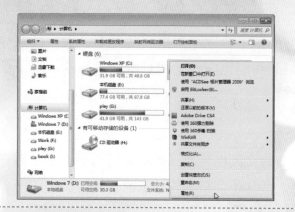

STEP 02　打开"磁盘属性"对话框并切换到"常规"选项卡，单击"磁盘清理"按钮。

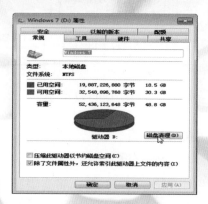

STEP 03　系统将开始计算可以在当前磁盘中释放出多少空间，用户需要略作等待。

STEP 04　计算完毕后，打开"磁盘清理"对话框。在"要删除的文件"列表框中选中要清理的文件类型，单击"确定"按钮。

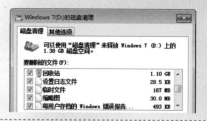

STEP 05　在弹出的提示框中单击"删除文件"按钮。

STEP 06　开始清理所选的垃圾文件，清理完毕后对话框会自动关闭。

2　整理磁盘中的文件碎片

　　在使用电脑的过程中，随着我们不断地创建文件及安装程序，会在系统中残留大量的碎片文件，碎片文件不但会影响系统的运行，而且调用程序时由于在不同位置频繁读写，还会加速对硬盘的损害。因此当电脑在使用一段时间后，必须定期对磁盘进行碎片整理。其具体操作方法如下：

STEP 01 在"磁盘属性"对话框中切换到"工具"选项卡，单击"碎片整理"区域中的"立即进行碎片整理"按钮。

STEP 02 打开"磁盘碎片整理程序"对话框，在"当前状态"列表框中选择要整理的磁盘，单击"分析磁盘"按钮。

STEP 03 分析完毕后，在磁盘信息右侧显示磁盘碎片的比例，单击"磁盘碎片整理"按钮。

STEP 04 系统开始对磁盘进行碎片整理，用户需要等待一段时间，整理完毕后，单击"关闭"按钮即可。

3　检查磁盘中的错误

　　Windows 7提供的磁盘错误检查功能用于检测当前各个磁盘分区是否存在错误，如果存在错误则可以进行修复。其具体操作方法如下：

STEP 01 打开的要检查错误的磁盘属性对话框，切换到"工具"选项卡，单击"查错"区域中的"开始检查"按钮。

STEP 02 打开"检查磁盘"对话框，选中"自动修复文件系统错误"与"扫描并尝试恢复坏扇区"复选框后，单击"开始"按钮。

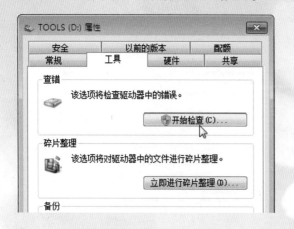

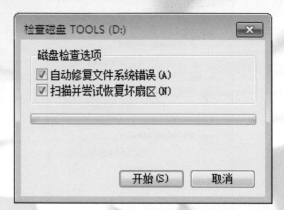

STEP 03 在弹出的提示框中单击"计划磁盘检查"按钮，当下一次启动Windows 7时，就会自动检查磁盘错误。

小知识

使用Windows 提供的磁盘错误检查功能，只能检查由于系统或者文件分区导致的错误，而不能解决硬盘的硬件错误。

任务目标 3　使用Windows自带安全功能保护电脑

Windows 7中自带了更加完善的安全功能，在电脑中没有安装其他安全软件时，我们就可以通过Windows 7自带的安全功能来对电脑进行保护。Windows安全功能包含三个方面，分别为Windows Update自动更新、Windows放火墙以及Windows Defender间谍软件扫描。

1　检查与安装Windows更新

Windows Update是Windows 7中提供的系统更新功能，用于定期连接到微软站点并下载与安装针对Windows 7推出的各种更新程序。更新之前，必须先将电脑连接到互联网，更新方法如下：

STEP 01 打开"控制面板"窗口，单击"Windows Update"选项。

STEP 02 打开"Windows Update"窗口，单击界面中的"启用自动更新"按钮。

STEP 03 Windows开始连接到网络并检查可用的更新，用户需略作等待。

STEP 04 检查完毕后，显示出更新的数目以及大小，单击"安装更新"按钮，开始下载并安装更新文件。

STEP 05 开始安装更新程序后，将逐个打开安装对话框，选中下方的"我接受许可条款"选项，单击"完成"按钮。

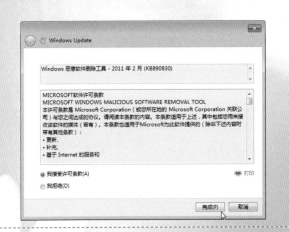

STEP 06 在安装过程中，"Windows Update"窗口中会显示下载与安装进度。如果需要暂停安装的话，可单击下方的"停止安装"按钮。

2 开启Windows防火墙

Windows 防火墙是Windows 7中内置的防火墙程序，用于控制系统中的程序对网络的访问，有效防止恶意程序通过网络入侵系统，从而确保电脑数据与信息的安全。开启Windows防火墙的方法如下：

STEP 01 打开控制面板窗口，单击"Windows防火墙"选项。

STEP 02 打开"Windows防火墙"窗口，单击左侧窗格中的"打开或关闭Windows防火墙"链接。

STEP 03 打开"自定义设置"窗口，分别在"家庭和工作"与"公用网络位置设置"区域中选中"启用Windows防火墙"选项，单击"确定"按钮。

STEP 04 返回到"Windows防火墙"窗口后，可以看到针对"专用网络"与"公用网络"的防火墙已经全部开启。

3 使用Windows Defender扫描间谍软件

Windows Defender工具是Windows 7中提供的反间谍工具，可以有效保护电脑不受间谍软件的骚扰。Windows Defender除了对系统进行实时防护外，还可以对整个计算机进行全方位的扫描，从而全面保障电脑的安全。扫描方法如下：

STEP 01 打开控制面板窗口，在窗口中单击"Windows Defender"选项。

STEP 02 打开"Windows Defender"窗口，单击工具栏中的"扫描"按钮，在列表中选择扫描方式。

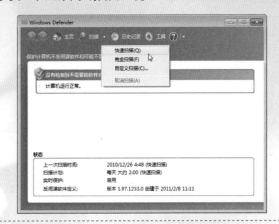

STEP 03 开始对计算机进行扫描，并在窗口中显示扫描进度，下方则显示扫描的相关信息。

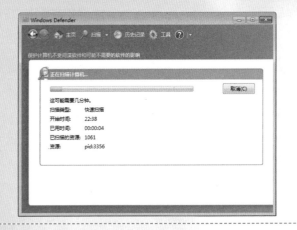

STEP 04 扫描完毕后，如果未发现可疑项目，则显示"计算机运行正常"，如果扫描到可疑项目，则会在窗口中显示相关信息并且允许用户清除项目。

任务目标 4　用360安全卫士建立安全的保护屏障

除了开启系统的安全功能外，要进一步保障电脑安全，我们还需要在电脑中安装第三方的安全工具，从而建立有效的安全屏障。网络中有很多安全工具，下面主要介绍目前使用广泛的360安全卫士。

1　查杀电脑中的木马

360安全卫士提供的查杀木马功能，能够快速地扫描并查杀最新出现的各种木马程序，方法如下：

STEP 01　在360安全卫士界面中切换到"查找木马"选项卡，单击其中的"快速扫描"选项。

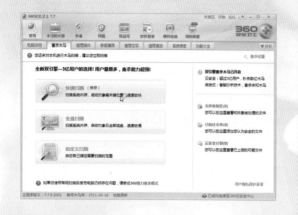

STEP 02　开始对系统进行扫描，界面中同时显示扫描进度与扫描的项目，项目右侧显示为"安全"，表示当前项目未发现木马。

STEP 03　扫描完毕后如果发现木马，将自动转入扫描结果界面并显示木马相关信息，选中要清除的木马程序，单击下方的"立即处理"按钮。

STEP 04　开始清除木马程序，有些木马可以直接清除，有些木马则需要重新启动电脑后才能彻底清除。

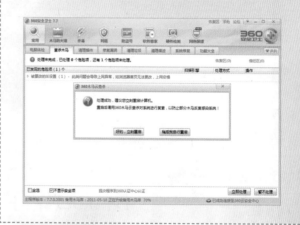

---

2 ｜ 修补系统漏洞

很多木马或者恶意程序都是通过系统漏洞对电脑进行攻击的，使用360安全卫士可以对系统存在的漏洞进行扫描并修复，方法如下：

STEP 01 在360安全卫士界面中切换到"修复漏洞"界面，在列表中选中要修复的漏洞，单击右下角的"立即修复"按钮。

STEP 02 开始下载并安装漏洞补丁，根据发现系统漏洞的数目，这可能需要较长的过程，用户需要耐心等待。

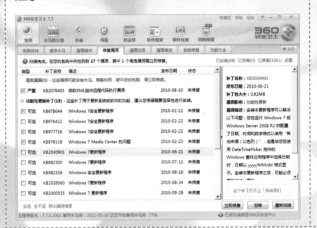

STEP 03 修复完成后，可以重新进行漏洞扫描，如果提示不存在高危漏洞，那就表示系统关键更新已经全部安装了。

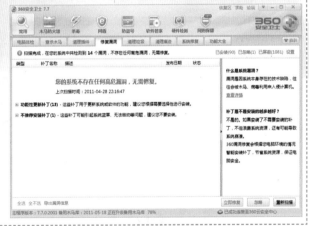

小知识

　　360安全卫士提供的漏洞修补功能，其实就是下载并安装Windows系统更新，这与使用Windows Update安装更新是一样的。

3 │ 清理无用的插件

　　插件是指在安装各种软件的过程中，随软件附带安装的各种浏览器插件，这些插件能够帮助用户快捷地实现各种功能，但有些用处并不大，而且会影响系统速度。所以我们可以将不需要的插件清除，方法如下：

STEP 01 在360安全卫士界面中切换到"清理插件"选项卡，程序将自动扫描系统中已经安装的插件。

STEP 02 扫描完毕后，在列表中选择要清理的插件，单击界面右下角的"立即清理"按钮开始清理所选插件。

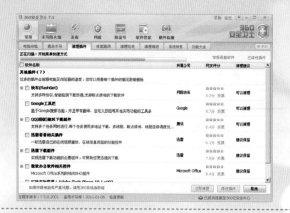

STEP 03 清理完毕后，单击"确定"按钮，将重新启动Windows资源管理器并完成插件的清理。

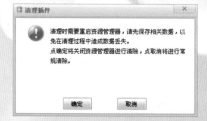

任务目标 5 学会使用杀毒软件查杀电脑病毒

在使用电脑的过程中，尤其是上网的过程中，随时都有可能感染各种各样的电脑病毒，进而导致电脑出现各种各样的问题。所以我们需要在电脑中安装一款杀毒软件，并不定期地对电脑进行病毒扫描。

1 安装360杀毒

目前杀毒软件种类很多，如诺顿、金山毒霸、瑞星杀毒等，但这些杀毒软件都属于收费软件，也就是需要我们支付一定费用才能使用。对于仅使用电脑娱乐的中老年朋友而言，这里推荐免费的360杀毒软件。

当我们在电脑中安装360安全卫士后，就可以方便地安装360杀毒工具，方法如下：

STEP 01 在360安全卫士界面中单击"杀毒"选项。

STEP 02 打开"360杀毒"对话框,单击"立即下载"按钮。

STEP 03 打开"360杀毒 安装"对话框,单击"更改目录"按钮选择程序的安装位置,单击"下一步"按钮。

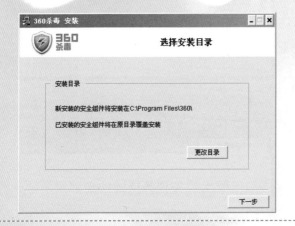

STEP 04 开始在线下载并安装360杀毒软件,根据网络速度的不同,下载需要一定时间。

STEP 05 安装完毕后,单击"完成"按钮,360杀毒软件将自动运行,并在任务栏通知区域中显示程序图标。

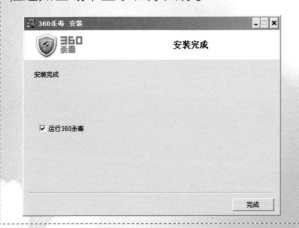

STEP 06 用鼠标单击任务栏通知区域中的360杀毒软件图标,即可在屏幕中打开360杀毒界面。

安装杀毒软件后，为了能够查杀出最新出现的病毒，首先应该更新杀毒软件病毒库，或者称为升级杀毒软件。

2 查杀病毒

安装杀毒软件后，就可以定期使用360杀毒软件扫描并查杀电脑中的病毒了，方法如下：

STEP 01 在"病毒查杀"界面中单击"全盘扫描"按钮。

STEP 02 开始对系统进行全盘扫描，界面中显示扫描位置与扫描进度。

STEP 03 扫描完成后，界面中将显示是否发现病毒，如果发现那么就可以立即清除，如果没有发现则表示系统是安全的。

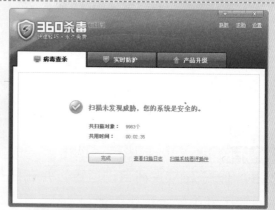

如果扫描过程中发现了病毒，那么将显示发现的病毒列表，用户可以隔离病毒文件或者清除病毒。

互动练习

1. 对系统分区进行碎片整理以及垃圾文件清理。
2. 安装杀毒软件并扫描电脑中的病毒。
3. 使用一段时间后，对电脑进行一次全面清洁。